# 复杂多智能体系统一致性控制

崔 艳 / 著

中国原子能出版社

图书在版编目(CIP)数据

复杂多智能体系统一致性控制 / 崔艳著. -- 北京：
中国原子能出版社，2022.5
ISBN 978-7-5221-1956-4

Ⅰ. ①复… Ⅱ. ①崔… Ⅲ. ①人工智能一研究 Ⅳ. ①TP18

中国版本图书馆 CIP 数据核字(2022)第 080813 号

## 内容简介

多智能体系统的协调控制近年来受到许多研究者的关注，由于实际工程应用中，被控系统往往具有不确定性、复杂性和非线性的特点，建立精确的数学模型，进行精准的系统控制并非易事。基于此，本书对部分复杂情形下多智能一致性问题展开深入研究，介绍了有领航者和无领航者的情形下受扰多智能体系统的鲁棒一致性控制问题，具有通信时滞的高阶多智能体的一致性控制问题，以及非线性动态下具有未知参数的多智能体系统的自适应一致性控制问题。

复杂多智能体系统一致性控制

出版发行 中国原子能出版社(北京市海淀区阜成路 43 号 100048)
责任编辑 张 琳
责任校对 冯莲凤
印 刷 北京九州迅驰传媒文化有限公司
经 销 全国新华书店
开 本 710 mm×1000 mm 1/16
印 张 6.875
字 数 110 千字
版 次 2023 年 6 月第 1 版 2023 年 6 月第 1 次印刷
书 号 ISBN 978-7-5221-1956-4 定 价 98.00 元

网址：http://www.aep.com.cn E-mail:atomep123@126.com
发行电话:010-68452845

# 前　言

多智能体系统的协调控制是控制领域兴起的一个研究方向，受到许多研究者的关注，也形成了日渐成熟的新型控制方法。这主要由于其分布式、交互性、自治性以及协作性等诸多特点适应当今系统复杂、动态和开放的特性。其中，一致性问题是首要的基础性问题。

由于实际工程应用中，被控系统往往是复杂、非线性、不确定的，并通常会受到通信时滞及外部干扰等对系统的影响，精确的数学模型很难建立，因此对其进行精确控制并非易事。鉴于此，本书研究了复杂多智能体系统一致性控制问题，主要介绍了有领航者的二阶时滞多智能体系统一致性控制问题，分别采用频域分析方法和时域线性矩阵不等式方法研究系统达到一致的条件，并得到时滞的最大容许值；具有外部干扰和通信不确定性的高阶多智能体系统鲁棒一致性控制问题，得到具有期望抗干扰性能的状态一致性条件；高阶多智能体系统在时变时滞情况下的一致性控制问题，采用树型变换方法分别得到系统在一致时滞和不一致时滞情形下的一致性条件；对具有未知参数非线性动态多智能体系统自适应一致性控制问题，采用模型参考自适应方法，得到系统状态的渐近一致性条件。

本书可作为在控制理论与控制工程专业领域从事多智能体系统一致性控制研究的学生和技术人员的参考。

由于作者的水平有限，书中不妥或错误之处在所难免，恳请各位读者批评指正。

作者

# 目 录

# 第1章 绪论

随着当今工业技术的迅猛发展，工业系统也向着复杂、动态和开放的方向转变，相应地，传统控制理论也历经了从经典控制理论、现代控制理论，再到网络系统理论和智能控制理论的发展。近年来，多智能体系统理论已成为控制领域的重要研究课题之一，它是分布式人工智能研究的一个重要分支，目标是将大的复杂系统建造成小的、彼此相互通讯及协调的、易于管理的系统。其中，多智能体系统协调控制是最主要的研究方法。这一章首先给出多智能体系统理论的研究背景及协调控制方法的研究意义，然后介绍了协调控制中的首要基础问题，即一致性问题，以及多智能体技术在各领域的广泛应用，最后介绍本书的研究工作和内容安排。

## 1.1 多智能体系统的研究背景和意义

自然界中经常会看到一些群集行为，最典型的就是蚁群间的信息交流和优化，它们能够在居住地与食物之间形成一条“高速公路”。当路上出现障碍，它们会设法绕过，并在不同路径中选优；当环境变化时，它们会重新选优。对于受生物学启发的群集行为研究的发展过程，程代展等[1]从群集行为建模到其对社会行为控制的应用动向做了综述介绍。而多智能体系统控制正是在自然界以及人类社会中出现复杂的用传统控制理论解决不了的问题时适时出现的一种新型控制方法。

多智能体系统(Multi-Agent System, MAS)是指由多个单个智能体(Agent)组成的集合。通常，每个智能体代表一个物理的或抽象的实体，可以描述人，也可以描述机器人、智能设备、智能软件等。在网络与分布式环境下，每个智能体是独立自主的，能作用于自身和环境，能操纵环境的部分表示，并对环境的变化作出反映，更重要的是能与其他智能体通信、交互、协作、彼此协同工作，完成共同的任务[2]。

因此，多智能体系统可以定义为：能对环境的变化具有适应力及相应的自我调整能力，并能通过与其他智能体进行交互的方式共同完成复杂问题求解的分布式智能系统。与单个智能体相比，多智能体系统具有更高的智能型和更强的问题求解能力，研究和建立多智能体系统的目的之一就是把多个智能体有机地聚集在一起，通过它们之间的通信，协调其行为，使之完成单个智能体无法完成的任务[3,4]。

多智能体协调控制研究的重要原因：

- 协调可以防止各个智能体的无政府状态。由于多智能体系统中单个的智能体都不拥有整个系统的全局观念，而是只有局部观念、目标和知识，这样就很有可能与其他智能体的观念、目标和知识相冲突。为了防止这样的情况出现，必须引入约束条件，使这些智能体的计划和行为免于相互干扰，共同完成任务或求解问题，从而达到共同目标而不至于陷入混乱。因此，对一组智能体进行协调是十分必要的。
- 多个智能体行为之间需要关联，来满足全局约束。当不同智能体的目标之间有联系时，这些智能体之间就会相互依赖、相互影响，有时甚至会促使系统产生不良的决策。此时必须有一个全局约束对其行为进行束缚，可行方案就是通过内部协调来完成。
- 单个的智能体不具备解决整个问题所需的能力、资源或信息。由于单个智能体不具备解决问题所需的所有专家知识、资源或信息，许多问题不可能由它们独立解决。不同的智能体只具有部分资源，需要联合起来才能解决领域难题。另外，不同智能体对同一问题的理解和解决方法也有可能不同。
- 协调可以极大地提高工作效率。当一个智能体发现的信息可以被另一个智能体有效利用时，两个智能体一起工作可以以更快的速度解决问题，甚至单个智能体具备解决某一问题的能力时，协调仍然可以起作用。

多智能体系统协调控制就是设计一种控制算法，使得单个智能体之间通过信息传递和交互作用后，整个系统表现出高效的协同合作能力和高级智能水平，从而实现单个智能体叠加所达不到的控制效果。从而引起广大专家学者的研究兴趣，研究方向包括：Leader-following模型[5–9]、群集行为[10–17]、Flocking问题[18–24]、聚集问题[25–34] 以及一致性问题等，其中一致性问题又是焦点问题。

多智能体系统的一致性是指在恰当的控制协议下，使系统中所有智能体的某些状态最终趋于相同。一致性控制协议是智能体之间相互作用、传递信息的规则，它描述了每个智能体和与其相邻的智能体的信息交换过程。当一组智能体要合作完成一项任务时，合作控制策略的有效性表现在多智能体必须能够应对各种不可预知的形势和突然变化的环境，必须对任务达成一致意见，这就要求智能体随着外部环境的改变达到一致。因此，智能体之间协调合作控制的一个首要条件是多智能体能够达到一致。

多智能体系统的协调控制理论就是研究如何利用控制器，通过信息的变换和反馈作用，使系统能自动按照人们预定的程序运行，最终达到最优目标的科学理论。随着人类社会进入信息时代，协调控制也面临新的巨大挑战和重大机遇。多智能体系统协调控制理应在信息化和现代化的建设中发挥作用，为网络化、集成化、协调化和智能化提供理论支持。因此，对多智能体系统协调控制的研究具有重大意义。

## 1.2 多智能体系统一致性的研究历史和现状

上一节介绍了多智能体系统的一致性在其协调控制中的重要作用，它是解决其他问题的前提和基础。这节重点介绍一致性问题的研究历史和现状。

一致性问题的研究最早可以追溯到20世纪70年代，管理科学和统计学专家最先提出了统计一致性理论[35]。随着技术的发展，一致性问题很快被应用于计算机分布式计算[36], 多传感器数据融合及医疗专家系统[37,38]等领域。在控制和系统科学领域，一致性问题的研究开始于20世纪80年代，在文献 [39]至[42] 中研究了并行计算和分布式决策问题以及异步渐近一致性问题。

近年来，多智能体系统的一致性问题及相关研究取得了大量研究成果，具体参见文献 [43]至[104]。1995年，Vicsek等人[43]利用局部信息提出了一个自驱动模型（称作Vicsek模型）来描述平面粒子的运动。在这一模型中，所有例子具有相同的速率且方向不变，根据最近邻居规则，每一粒子以邻居个体与自身前进方向的均值作为下一刻的方向在平面内运动。仿真结果模型中所有个体通过局部信息交互可以最终实现以相同方向移动，该方向为其邻域内智能体方向值的平均值。2003年，Jadbabaie等人[44]研究了文献 [43]中的线性化Vicsek模型，分析了拓扑结构变化情况下的一致性问题，首次给出严格的数学证明，结果表明只要变拓扑在有限连续时间间隔内为联合连通，系统总能达到一致。2005年，Ren等人[45] 将Jadbabaie等人所得结果推广到了有向图，考虑了连续时间和离散时间下的一阶多智能体系统的一致性问题，证明了在拓扑结构联合有生成树条件下多智能体系统也能够实现一致。2006年，Cao等人[46] 从图论和随机矩阵理论的角度，研究且修正了Vicsek模型，证明了一阶离散时间时滞多智能体系统的一致性条件。2007年，Hong等人[47] 将Jadbabaie等人的结果推广到二阶多智能体系统，基于局部信息提出了一个二阶控制协议，研究了二阶多智能体系统一致性问题。此外，Ren等人在文献 [48] 中引入 $l\,(l \geqslant 3)$ 阶模型参考一致性算法，给出有领航者的高阶多智能体系统实现一致的充分必要条件，并指出所有多智能体均收敛到指定动态模型的轨迹。

在多智能体系统中，智能体在信息传输过程中不可避免地存在通信时滞，很多研究者在这方面已取得一些重要结论，从时滞角度进一步揭示了多智能体系统一致性的本质。例如，2004年Olfati-Saber等人[53]研究了连续时间一阶动态多智能体系统

$$\dot{x}_i(t) = u_i(t), \qquad i = 1, 2, \cdots, n \tag{1.1}$$

在信息传输时滞情况下的平均一致性问题，式中$x_i(t)$表示智能体$i$的状态变量，$u_i(t)$为控制输入或控制协议。对系统(1.1) 设计了如下分布式协议

$$u_i(t) = \sum_{j \in \mathcal{N}_i(t)} a_{ij}(x_j(t-\tau) - x_i(t-\tau)), \quad i = 1, 2, \cdots, n \tag{1.2}$$

式中，$\tau > 0$为定常的信息传输时滞。文中给出了保证系统能够达到一致的充分必要条件，并且证明了最大容许时滞与Laplacian矩阵特征值之间的关系。文献[54]-[57] 研究了各种通信网络下多智能体系统的平均一致性控制问题，这里通常需要假设网络拓扑是无向图或者是平衡的有向图。2009年，Lin等人[55] 研究了多通信时滞多智能体系统的平均一致性控制问题，进一步在拓扑结构联合连通情况下得到一致性条件。

在实际中，拓扑结构变化和时滞的现象往往同时存在。2004年，Moreau[58]考虑了一阶连续时间时滞多智能体系统，利用Lyapunov理论，证明了在拓扑结构有生成树的情况下系统能够实现一致且传输时滞可以任意有界大。2005年，Fang等人[59]研究了一阶离散时间时滞多智能体系统，得到了与Moreau的工作相类似的结果，传输时滞也可以任意有界大。Lin等人[60]将文献[53]中的结果扩展到具有信息传输时滞的二阶多智能体变拓扑网络，以线性矩阵不等式的形式给出了系统达到渐近一致的充分条件。有时，智能体网络还会受到由于智能体移动所产生的链路故障或重建的影响，并且通信信道阻塞、传输速度受限以及由传输介质物理特性相互作用引起的不对称等都会产生时滞，这时通信时滞一般不是定常的，而是不一致的、变化的。2006年，Xiao等人[61]研究了离散时间多智能体系统的状态一致性问题，将系统的动态模型扩展到多时滞情形，在拓扑网络、时滞和边的权值都变化时，得到了系统达到一致的充分必要条件是多智能体系统中的有向网络包含生成树。2008年，Sun等人[62]讨论了具有时变通信时滞的一阶多智能体系统的平均一致性问题，分别考虑了有向定拓扑和变拓扑网络情形，给出系统状态达到平均一致的充分必要条件。同年，Tian等人[63]用频域分析方法研究了非

一致时滞问题，得到了系统达到一致的充分条件，并且证明了它仅依赖于自身时滞而不依赖于智能体间的通信时滞。2010年，Zhu等人[64]分别研究了定拓扑和变拓扑有向网络下的二阶Leader-following多智能体系统一致性控制问题，考虑了不一致的时变时滞，通过设计一个基于邻居智能体的反馈控制协议得到一致性条件，并给出收敛速率的估计方法。

同时，系统还经常受到由执行器偏差、测量或计算误差、信道噪声以及通信链路的变化产生的外部干扰影响，并且由于多智能体系统的分布式空间结构，使其更易受到干扰的影响，因此在不确定因素环境中保持系统的稳定性是一致性问题研究的关键。具体来说，2004年，Ögren等人[67]研究了多智能体系统在白噪声环境下爬升合作控制问题。2005年至2007年间，Olfati-Saber等人在文献 [69] 至[72] 设计了一种分布式Kalman滤波器，并进行了收敛性分析，指出传感器网络的跟踪和融合能力与网络尺寸大小相关。针对这种情况，该文研究并解决了关于多大尺寸的传感器网络能进行有效的信息融合这个根本问题，提出了通过权值测量和逆协方差矩阵将分布式Kalman滤波问题分成两个独立动态一致性问题。2009年，Yu[73]设计了一种新型分布式滤波器，在这种滤波器中，每个传感器都能与邻近的传感器通信，采用分布式方法进行滤波，滤波器仅仅需要小部分的传感器测量目标信息就能达到控制整个网络的目的。

但事实上，系统受到的干扰往往并不满足于具有零均值高斯分布的白噪声，通常是无法预测、无规律可言的，同时，由于建模误差、环境参数变化、通信信号的传输介质不对称等因素引起的不确定性也在影响系统的收敛性能。2006年，Hong等人[74] 研究了多智能体系统跟踪一致性问题，设计了分布式观测器跟踪具有不确定性的领航者，给出了变拓扑网络结构情况下系统的一致性条件，并估计了系统的跟踪误差。该文并未假定不确定性满足任何分布，而仅假定其在某个范围内变化。2007年，Ren[75] 考虑了驱动器饱和与无相对速度测量的情况，针对二阶多智能体系统存在或不存在参考速度分别提出一致性算法。同时，鲁棒 $H_\infty$ 一致性控制方法也被引入到多智能体系统一致性问题的分析过程中。2008年，Lin等人[76] 将多智能体系统的一致性问题转化成标准的 $H_\infty$ 控制问题，应用线性系统控制理论，研究了具有外部干扰和通信不确定性的一阶多智能体系统一致性问题。2011年，Liu等人[77] 进一步针对具有模型参数不确定性和外部干扰的变拓扑网络结构多智能体系统提出线性一致性控制协议，通过 $H_\infty$ 控制方法得到具有指定抗干扰能力的鲁棒一致性条件，并确定了协议中的未知反馈矩阵。

另外，网络数据丢包现象也是多智能体系统通信过程中时常出现的问题。2005年，Gupta等人[78]研究了传感器与控制器之间通信存在丢包链接系统的最优线性二次高斯控制问题，给出了使用标准LQR状态反馈设计方法来解决这类问题所需的分离原理的证明，以及用于在不可靠的链接中传播和使用时的最优算法。2009年，Fagnani[79] 考虑了通信信息传输中存在的丢包情况下的多智能体系统平均一致性问题，文中指出可以用网络链接随机创建失败的形式来模拟通信时数据包的丢失，从而应用随机一致性协议来解决此种情况下的系统一致性问题。

以上文献中，多智能体系统的动态模型大多为线性微分方程，且模型为精确可知的。然而在自然界和工程领域，非线性动态是最普遍的状态，因此对于非线性多智能体系统的研究是必不可少的。2005年，Moreau在文献 [80] 中讨论了由智能体组成的离散时间非线性动态多智能体系统，利用Lyapunov理论给出了多智能体系统实现一致的充分必要条件。2007年，Lin等人在文献 [81] 中概括了Moreau的工作，进一步给出了连续时间非线性多智能体系统一致性的充分必要条件。2008年，Qu等人[82]研究了一类非线性多智能体系统，并证明系统在拓扑结构联合连通条件下是能够实现一致的。神经网络因其良好的函数逼近能力，已被广泛用于多智能体系统自适应一致性控制中，参见文献 [83,151–153]。具体地，在文献[83]中，Liu等人研究了具有外部干扰的非线性动态系统 $H_\infty$ 控制问题，利用神经网络函数逼近性质设计了一个在线调节的自适应控制器，使被控对象渐近稳定并具有期望的干扰抑制能力，即达到期望的$H_\infty$干扰衰减指标。模型参考自适应方法同样也用来处理具有非线性动态的多智能体系统一致性问题，见参考文献 [84,154–156]。2011年，Min等人[84]研究了具有未知参数的非线性网络化的Euler-Lagrange 系统，通过建立一个统一的无源性结构，提出自适应一致性控制协议，考虑了时滞耦合和拓扑结构变化的情况，得到参数未知情况下的状态一致性条件，并证明了参数的估计误差趋于零。

其他关于一致性问题的工作可参见文献 [87]至[104]。

## 1.3 多智能体技术的应用

多智能体技术是人工智能技术的一次质的飞跃：通过智能体之间的通讯，可以开发新的规划或求解方法，用以处理不完全、不确定的知识，解决实际应用问题，具有很强的鲁棒性和可靠性，并具有较高的问题求解效率。通过智能体之间的工作，不仅改善了每个智能体的基本能力，而且可从智能体的交互中进一步理解和提高了系统处理问题的能力。因此，多智能体理论已经成功运用于许多领域，包括生物学、物理学、机器人学、车辆工程等，具体到控制领域，大致可分为以下几大类：

（1）多智能体群集运动。群集是由大量自治个体组成的集合。在分布式控制和全局模型的情况下，通过个体局部感知作用和相应的反应行为，使整体呈现出一致的行为。自然界存在大量的群集现象，如蚁群、鱼群、鸟群、蜂群等，在运动上达到整体上的动态稳定。受其启发，控制领域也出现了群集运动，在运动的过程中要求群集中的智能体之间进行局部协作，整体上在某些方面达成一致，以求最终完成任务。关于群集的参考文献已在前文列举。

（2）无人机协调控制。用无人机替代有人驾驶飞机可以降低生产成本，便于运输、维修和保养，而且不用考虑人的生理和心理承受极限。在军事领域，采用无人机进行作战和侦察，可以减少人员的伤亡，还能具有超高过载的机动能力，有利于攻击和摆脱威胁。在民用领域，无人机可以完成资源勘测、灾情侦察、通信中继、环境监测等繁重重复或具有一定危险的任务。无人机的控制可以由与其一起混合编队的有人飞机利用近距离通信链实现；也可以通过远距离的地面或空中指挥平台进行控制；还可以利用卫星通信控制，参见文献 [109]至[113]。

（3）编队控制。主要包括分布式队形控制和聚集运动控制两方面。分布式队形控制是指设计一定的分布式控制协议使得多智能体系统达到预先给定的队形。分布式队形控制与一致性控制有时是一致的，但在一些情况下，分布式队形控制与一致性控制有着本质区别，分布式队形控制系统的稳定性分析和控制协议的设计都更加困难。聚集运动控制是指设计一定的分布式控制协议使多智能体系统满足分离规则(逼撞)、对齐规则(速度一致)和聚集规则(靠近)。具体分为机器人编队、飞行器编队、卫星编队、水下航行器编队等，参见文献 [114]至[120]。

（4）空间交会对接。通过地面远程控制，两个航天器在空间轨道上会合并在结构上连成一个整体，就完成了空间交会对接，这是实现航天站、航天飞机、太空平台和空间运输系统的空间装配、回收、补给、维修、航天员交换及营救等在轨道上服务的先决条件。由于航天器在空间中的分布式特点，可以应用多个智能体进行模拟研究，参见文献 [121]至[123]。

（5）分布式传感器网络。它集成了大量不同类型的智能传感器，这些传感器在整个环境中按照逻辑、空间或地理位置进行分布，并且通过高速网络彼此连接。近年来，分布式传感器网络迅速发展，研究重点主要集中在分布式Kalman滤波器，每个传感器仅与部分传感器进行信息交换，参见文献 [124]至[127]。

（6）信息融合技术。随着雷达信息处理和指挥自动化系统的发展而形成的信息融合技术是指关于如何协同利用多源信息，以获得对同一事物或目标更客观、更本质认识的综合信息处理技术。指挥自动化系统中的信息融合，是指对来自多个传感器的数据与信息进行多层次、多方面检测、关联、相关、估值和综合等处理，以达到精确的状态与身份估计，以及完整、及时的态势和威胁评估，参见文献 [128]至[130]。

（7）通信网络拥塞控制。随着互联网的飞速发展，人们对网络的需求越来越大，对网络服务质量的要求也越来越高，拥塞已成为一个十分重要的问题。一般来说，当通信子网中有太多的分组时，网络性能降低，这种情况就叫拥塞，参见文献 [131]至[132]。

（8）智能交通控制。由于交通控制拓扑结构分布式特性，其很适合于应用多智能体技术，尤其是对于具有剧烈变化的交通情况（如交通事故），多智能体的分布式处理和协调技术更为适合，参见文献 [133]至[134]。多智能体技术应用于其他交通控制系统，主要有飞行交通控制(ATC)[135,136]、铁路交通控制(RTC)[137]和海洋交通控制(MTC)[138]。

## 1.4 本书的研究内容安排

本书的研究工作及具体内容安排如下：

第2章给出预备知识。首先规定了本书所使用的数学符号的记法，介绍了矩阵理论、代数图论、线性系统$H_\infty$和$L_2-L_\infty$控制的定义及适用范围、系统的稳定性理论以及模型参考自适应控制理论的基础知识和基本定理。

第3章研究了有领航者的二阶时滞多智能体一致性控制问题，分别采用频域分析方法和时域LMI方法研究了定拓扑和变拓扑有向网络多智能体系统的一致性条件。

第4章针对具有外部干扰和通信不确定性有向网络下的二阶时滞多智能体系统，应用$L_2-L_\infty$控制方法进行研究，分别得到了定拓扑和变拓扑网络下的多智能体系统达到具有期望抗干扰性能的状态一致性条件。

第5章采用树型变换方法研究了在外部干扰下时变时滞高阶多智能体系统的一致性

问题，提出了线性分布式控制协议，在变拓扑有向网络结构下分别研究了具有一致时滞和不一致时滞的多智能体系统，通过定义两个不同的 Lyapunov 函数，得到使系统具有期望 $L_2-L_\infty$ 性能指标的一致性条件。

第6章针对非线性动态的多智能体系统，分别研究了具有未知参数和未知扰动的自适应一致性问题，得到确保多智能体系统一致性获得的充分条件。

最后，在结束语中对本书的工作进行了总结，对未来的研究工作进行了展望。

# 第 2 章　预备知识

本章简单介绍了研究多智能体系统一致性所需的基本知识。首先规定了本书所使用数学符号的记法，并介绍了矩阵理论的基础知识和定理；介绍了代数图论中一些基本内容以及图所对应的Laplacian矩阵的性质；接着对于具有不确定性的连续时间线性时不变系统，介绍了$H_\infty$和$L_2-L_\infty$控制的定义及适用范围；然后介绍了系统稳定性理论；最后给出了模型参考自适应控制理论的基本知识，以及在非线性多智能体控制中的应用。

## 2.1　矩阵理论基础知识

在研究多智能体系统的过程中，最有利的数学工具就是矩阵理论，下面主要介绍一些常用基本概念，其性质在此省略。

### 2.1.1　基本记号

如无特别说明，本书将始终采用如下记号：

| | |
|---|---|
| $\mathbb{R}$ | 实数集合 |
| $\mathbb{C}$ | 复数集合 |
| $\mathbb{R}^n$ | $n$维实坐标向量空间 |
| $\mathbb{R}^{n\times m}$ | $n\times m$维实矩阵空间 |
| $\mathbb{C}^{n\times m}$ | $n\times m$维复矩阵空间 |
| $\mathbb{N}$ | 正整数集合 |
| $\mathbf{1}$ | 元素都为1的$n$维列向量 |
| $\mathbf{0}$ | 元素都为0的$n$维列向量 |
| $\boldsymbol{I}_n$ | $n\times n$维的单位矩阵 |
| $\mathbf{0}_n$ | $n\times n$维的零矩阵 |
| $\boldsymbol{A}^{\mathrm{T}}$ | 矩阵$\boldsymbol{A}$的转置 |
| $\boldsymbol{A}^{-1}$ | 矩阵$\boldsymbol{A}$的逆 |

| | |
|---|---|
| $\boldsymbol{A}^*$ | 矩阵$\boldsymbol{A}$的共轭转置 |
| $\mathbb{L}_2[0,\infty)$ | 区间$[0,\infty)$上平方可积的向量函数空间 |
| $\mathrm{rank}(\boldsymbol{A})$ | 矩阵$\boldsymbol{A}$的秩 |
| $\|\boldsymbol{A}\|_2$ | 矩阵$\boldsymbol{A}$的2范数 |
| $\|\boldsymbol{A}\|_\infty$ | 矩阵$\boldsymbol{A}$的无穷范数 |

除此之外，$\mathrm{diag}\{m_1,m_2,\cdots,m_n\}$ 表示对角元素为 $m_1,m_2,\cdots,m_n$ 的对角矩阵。若方阵 $\boldsymbol{A}\in\mathbb{C}^{n\times n}$ 满足 $\boldsymbol{A}^{\mathrm{T}}=\boldsymbol{A}$，那么称其为对称矩阵，并用符号 $*$ 表示矩阵的对称部分。若对于任意非零向量 $x\in\mathbb{C}^n$ 都有 $x^*\boldsymbol{A}x>0$ $(x^*\boldsymbol{A}x\geqslant 0)$，则称矩阵 $\boldsymbol{A}$ 为正定（或半正定），记 $\boldsymbol{A}>0$ 为正定矩阵; 相反，若有 $x^*\boldsymbol{A}x<0$ $(x^*\boldsymbol{A}x\leqslant 0)$，则称矩阵 $\boldsymbol{A}$ 为负定（或半负定），记 $\boldsymbol{A}<0$ 为负定矩阵。

### 2.1.2 矩阵理论的基本概念

**定义 2.1 (矩阵行列式):** 给定$n$阶方阵

$$\boldsymbol{A}=\begin{bmatrix} a_{11} & a_{12} & \cdots & a_{1n} \\ a_{21} & a_{22} & \cdots & a_{2n} \\ \vdots & \vdots & & \vdots \\ a_{i1} & a_{i2} & a_{ii} & a_{in} \\ \vdots & \vdots & & \vdots \\ a_{n1} & a_{n2} & \cdots & a_{nn} \end{bmatrix}, \tag{2.1}$$

称下面的表达式

$$\sum_{j_1,j_2,\cdots,j_n}(-1)^{\tau(j_1,j_2,\cdots,j_n)}a_{1j_1}a_{2j_2},\cdots,a_{j_n} \tag{2.2}$$

为其行列式。其中，$\tau(j_1,j_2,\cdots,j_n)$ 为排列 $\{j_1,j_2,\cdots,j_n\}$ 的逆序数。矩阵 $\boldsymbol{A}$ 的行列式记为$\det\boldsymbol{A}$，或

$$\begin{vmatrix} a_{11} & a_{12} & \cdots & a_{1n} \\ a_{21} & a_{22} & \cdots & a_{2n} \\ \vdots & \vdots & & \vdots \\ a_{n1} & a_{n2} & \cdots & a_{nn} \end{vmatrix}$$

**定义 2.2 (矩阵的秩)**：　设矩阵 $\boldsymbol{A} \in \mathbb{C}^{m\times n}$ 有某一 $k$ 阶子式不为零，而所有 $k+1$ 阶子式（若存在）均为零，则称正整数 $k$ 为矩阵 $\boldsymbol{A}$ 的秩，记为 $k = \mathrm{rank}\boldsymbol{A}$；如 $k=n$ 则称 $\boldsymbol{A}$ 为列满秩矩阵（注意，此时必须满足 $m \geqslant n = k$）；如 $k=m$，则称 $\boldsymbol{A}$ 为行满秩矩阵（注意，此时必须满足 $n \geqslant m = k$）；如果 $m=n=k$，则称 $\boldsymbol{A}$ 为满秩矩阵；如果 $k=0$，则称 $\boldsymbol{A}$为 0 秩矩阵，此时显然 $\boldsymbol{A}$ 的所有元素均为 0。并且，秩为 $r$ 的矩阵集合记为 $\mathbb{C}_r^{m\times n}$。

**定义 2.3 (矩阵的特征值)**：　设 $\boldsymbol{A}$ 为 $n$ 阶方阵，$\lambda$ 为复数。如果存在非零 $n$ 元列向量 $x=(x_1,x_2,\cdots,x_n)^{\mathrm{T}}$，使得

$$\boldsymbol{A}x = \lambda x,$$

则称 $\lambda$ 为矩阵 $\boldsymbol{A}$ 的特征值，而 $x$ 称为矩阵 $\boldsymbol{A}$ 的属于特征值 $\lambda$ 的特征向量。特征值又称为特征根。

**定义 2.4 (矩阵的迹)**：　设 $\boldsymbol{A}$ 是 $n$ 阶方阵，称 $\boldsymbol{A}$ 的主对角元素的和为矩阵 $\boldsymbol{A}$ 的迹，记作 $\mathrm{tr}\boldsymbol{A}$。即若设 $\boldsymbol{A}$ 为式 (2.1) 所示，则有

$$\mathrm{tr}\boldsymbol{A} = \sum_{i=1}^{n} a_{ii}$$

迹的性质：

$$\sum_{i=1}^{n} \lambda_i = \mathrm{tr}\boldsymbol{A}$$

$$\prod_{i=1}^{n} \lambda_i = \det\boldsymbol{A}$$

**定义 2.5 (矩阵的 Kronecker 积)**：　设 $\boldsymbol{A} = [a_{ij}] \in \mathbb{C}^{m\times n}$，$\boldsymbol{B} = [b_{ij}] \in \mathbb{C}^{p\times q}$，称如下给出分块矩阵

$$\boldsymbol{A} \otimes \boldsymbol{B} = \begin{bmatrix} a_{11}\boldsymbol{B} & a_{12}\boldsymbol{B} & \cdots & a_{1n}\boldsymbol{B} \\ a_{21}\boldsymbol{B} & a_{22}\boldsymbol{B} & \cdots & a_{2n}\boldsymbol{B} \\ \vdots & \vdots & & \vdots \\ a_{n1}\boldsymbol{B} & a_{n2}\boldsymbol{B} & \cdots & a_{nn}\boldsymbol{B} \end{bmatrix} \in \mathbb{C}^{mp\times nq}$$

为 $\boldsymbol{A}$ 与 $\boldsymbol{B}$ 的 Kronecker 积（或直积）。

在系统稳定性证明中，向量范数起到了重要的作用，因此在这一部分介绍几种范数的定义。

**定义 2.6 ($\mathscr{L}_p$范数)：** 对于时间函数 $x(t)$, $p\in[1,\infty)$, 定义 $\mathscr{L}_p$ 范数为

$$\|x\|_p=\left(\int_0^{\infty}|x(\tau)|^p\mathrm{d}\tau\right)^{1/p}, \tag{2.3}$$

如果 $\|x\|_p$ 存在，即 $\|x\|_p$ 是有限的，则记作 $x\in\mathscr{L}_p$。

**定义 2.7 ($\mathscr{L}_\infty$范数)：** 定义

$$\|x\|_\infty=\sup_{t\geqslant 0}|x(t)|, \tag{2.4}$$

如果 $\|x\|_\infty$ 存在，则记作 $x\in\mathscr{L}_\infty$。

**注释 2.1：** 在上面 $\mathscr{L}_p$，$\mathscr{L}_\infty$ 范数的定义中，$x(t)$ 可以是一个标量函数也可以是一个向量函数。如果 $x(t)$ 是一个标量函数，则 $|\cdot|$ 表示绝对值。如果 $x(t)$ 是一个 $\mathbb{R}^n$ 中的向量函数，则 $|\cdot|$ 表示 $\mathbb{R}^n$ 中的任何范数。

## 2.2 代数图论

由于多智能体系统的结构在空间上是分布式的，人们常常用图中的节点描述多智能体系统中的个体，用它们之间的边表示智能体之间的信息交互。下面介绍一些将要用到的图论基本概念和定理。

### 2.2.1 图论基本概念

用三元组 $\mathscr{G}(\mathscr{V},\varepsilon,\mathscr{A})$ 表示具有 $n$ 个节点的有向图，节点在集合 $\mathscr{I}=\{1,2,\ldots,n\}$ 中取值。其中，$\mathscr{V}=\{s_1,s_2,\ldots,s_n\}$ 称为图 $\mathscr{G}$ 的节点集，$\varepsilon=\{e_{ij}\}\subseteq\mathscr{V}\times\mathscr{V}$ $(i\neq j)$ 称为图 $\mathscr{G}$ 的边集，其中 $e_{ij}$ 为图 $\mathscr{G}$ 的一条边，起点是节点 $s_i$，终点是节点 $s_j$，边的邻接矩阵为 $\mathscr{A}=[a_{ij}]$，其元素 $a_{ij}$ 为边的权值，且 $a_{ij}>0$ 表示从节点 $s_i$ 到节点 $s_j$ 有一条有向边，否则$a_{ij}=0$。当 $a_{ij}=a_{ji}$ 时，图 $\mathscr{G}$ 为无向图，它是一种特殊的有向图，并且有 $e_{ij}=e_{ji}\in\varepsilon$，表示智能体 $i$ 能接收到智能体 $j$ 的信息，同时智能体 $j$ 也能接收到智能体 $i$ 的信息。节点 $s_i$ 的邻集可以记为 $\mathscr{N}_i=\{s_j\in\mathscr{V}:(s_i,s_j)\in\varepsilon\}$。任一节点 $s_i$ 的入度和出度分别定义为：$\deg_{in}(s_i)=\sum_{j=1}^{n}a_{ji}$，$\deg_{out}(s_i)=\sum_{j=1}^{n}a_{ij}, i\neq j$. 进而，图 $\mathscr{G}$ 的出度矩阵定义为 $\boldsymbol{\Delta}=\mathrm{diag}\{\deg_{out}(s_1),\deg_{out}(s_2),\ldots,\deg_{out}(s_n)\}$。利用邻接矩阵 $\mathscr{A}$ 及出度矩阵 $\boldsymbol{\Delta}$，图 $\mathscr{G}$ 的 Laplacian 矩阵定义为：$\boldsymbol{L}=\boldsymbol{\Delta}-\mathscr{A}$。

**定义 2.8 (平衡图)：** 有向图 $\mathscr{G}$ 称为平衡图，当且仅当任意节点的入度和出度都相等。对于有向图 $\mathscr{G}$ 中的两个节点 $s_i$ 和 $s_j$，这两点之间的一组边 $(s_i,s_{v_1}),(s_{v_1},s_{v_2}),\cdots,(s_{v_k},s_j)$ 称为从 $s_i$ 到 $s_j$ 的一条有向路径。

**定义 2.9 (强连通)：** 如果两节点之间彼此存在有向路径，那么称这两个节点强连通。如果任意两节点都是强连通，那么称有向图 $\mathscr{G}$ 为强连通。

**定义 2.10 (生成树)：** 如果存在一个节点使任意节点到这个节点都有有向路径，则称有向图包含生成树，该节点称为全局可达节点。

**注释 2.2：** 强连通的有向图一定包含一个生成树；反之，含有生成树的有向图不一定强连通。

**定义 2.11 (联合连通)：** 给定一组具有相同顶点的有向图 $\mathscr{G}_1,\cdots,\mathscr{G}_n$，如果图 $\bar{\mathscr{G}}$ 与它们具有相同顶点，则称图 $\bar{\mathscr{G}}$ 是这些图的并，图 $\mathscr{G}_1,\cdots,\mathscr{G}_n$ 称为图 $\bar{\mathscr{G}}$ 的子图，其边集是各个子图边集的并，图 $\bar{\mathscr{G}}$ 的每条边权值 $\bar{a}_{ij}$ 定义为 $\bar{a}_{ij}=\dfrac{1}{n}\sum\limits_{k=1}^{n}a_{ij}^{k}$，其中，$a_{ij}^{k}$ 是图 $\mathscr{G}_k$ 的边的权值，$k\in\mathscr{I}$。相应地，$\bar{\boldsymbol{L}}_u$ 是图 $\bar{\mathscr{G}}$ 的Laplacian 矩阵。全部子图称为联合连通当且仅当图 $\bar{\mathscr{G}}$ 是联合连通。

**定义 2.12 (联合生成树)：** 全部子图称含有联合生成树当且仅当图 $\bar{\mathscr{G}}$ 包含生成树。切换图 $\mathscr{G}_{\sigma(t)s}$ 满足条件 $\mathscr{G}_{\sigma(t)s}\subset\bar{\mathscr{G}}$，其中，映射 $\sigma(t):[0,+\infty)\rightarrow Z=\{1,2,\cdots,s\}$表示 $t$ 时刻的切换信号，它决定了拓扑的结构，$s$ 表示所有可能的有向图的数目。

### 2.2.2 Laplacian矩阵的性质

**引理 2.1 (文献[85])：** 设$\boldsymbol{L}$是有向图 $\mathscr{G}$ 的Laplacian矩阵，则$\boldsymbol{L}$至少有一个零特征值，其余$n-1$个非零特征值全都具有正实部。特别地，若图 $\mathscr{G}$ 是无向图，它的$n-1$个非零特征值全为正实数。进一步，矩阵$\boldsymbol{L}$恰有一个零特征值当且仅当有向图 $\mathscr{G}$ 有一个生成树，且对应的特征向量是$\mathbf{1}$，即 $\boldsymbol{L}\mathbf{1}=\mathbf{0}$。

**引理 2.2 (文献[76])：** 对于给定对称矩阵 $\boldsymbol{L}_c\in\mathbb{R}^{n\times n}$，

$$\boldsymbol{L}_c=\begin{cases}\dfrac{n-1}{n},i=j\\ -\dfrac{1}{n},i\neq j\end{cases},$$

有如下结论成立:

（1） $\boldsymbol{L}_c$的特征值是重数为$n-1$的 1 和重数为 1 的 0，并且零特征值对应的左、右特征向量分别为 $\mathbf{1}^T$ 和 $\mathbf{1}$。

（2）存在正交矩阵 $\boldsymbol{U}=[\boldsymbol{U}_1\ \ \boldsymbol{U}_2]\in\mathbb{R}^{n\times n}$ 满足

$$\boldsymbol{U}^T\boldsymbol{L}_c\boldsymbol{U}=\begin{bmatrix}\boldsymbol{I}_{n-1} & \mathbf{0}\\ * & 0\end{bmatrix},$$

其中，$\boldsymbol{U}_1\in\mathbb{R}^{n\times(n-1)}$，$\boldsymbol{U}_2=\frac{\mathbf{1}}{\sqrt{n}}\in\mathbb{R}^{n\times 1}$。设 $\boldsymbol{L}\in\mathbb{R}^{n\times n}$ 是任一有向图的Laplacian 矩阵，则有

$$\boldsymbol{U}^T\boldsymbol{L}\boldsymbol{U}=\begin{bmatrix}\bar{\boldsymbol{L}} & \mathbf{0}\\ \boldsymbol{U}_2^T\boldsymbol{L}\boldsymbol{U}_1 & 0\end{bmatrix},$$

其中，$\bar{\boldsymbol{L}}=\boldsymbol{U}_1^T\boldsymbol{L}\boldsymbol{U}_1$，并且 $\bar{\boldsymbol{L}}\in\mathbb{R}^{(n-1)\times(n-1)}$。

## 2.3 鲁棒 $H_\infty$ 和 $L_2-L_\infty$ 控制理论

控制系统的设计都要以被控对象的数学模型为依据，然而严格说来，对任一被控对象建模时都不可能做到完全精确，必然存在不确定性。这种不确定性包括参数不确定性、结构不确定和各种干扰等，这些不确定性可能是建模之始就存在的，也可能是在系统运行过程中不断变化而产生的。由于存在不确定性，设计的反馈控制系统必须能够抑制这些不确定性，使之对系统的动态性不会有太大的影响，这就要求控制系统必须具有鲁棒性。在第1章已介绍处理不确定性问题的方法，包括神经网络控制、自适应控制以及鲁棒控制等。这里主要介绍鲁棒 $H_\infty$ 和 $L_2-L_\infty$ 控制理论，这两种控制方法都是通过设计控制器使被控对象的闭环系统渐近稳定，并且使对干扰信号的放大倍数达到最小或在要求的范围之内。

考虑线性时不变系统

$$\begin{aligned}\dot{x}(t)=&(\boldsymbol{A}+\Delta\boldsymbol{A})x(t)+\boldsymbol{B}\omega(t),\\ z(t)=&\boldsymbol{C}x(t)+\boldsymbol{D}u(t),\end{aligned}\tag{2.5}$$

其中，$x(t)\in\mathbb{R}^n$ 为系统状态，$\omega(t)\in\mathbb{R}^m$ 是能量有限的干扰信号，且属于 $\mathbb{L}_2[0,\infty)$ 空间，$z(t)\in\mathbb{R}^p$ 为系统的被控输出，$u(t)\in\mathbb{R}^q$ 为系统输入。当 $\boldsymbol{D}=0$ 时，系统是严格正则的。矩阵 $\boldsymbol{A}$，$\boldsymbol{B}$，$\boldsymbol{C}$ 均为具有适当维数的常数矩阵，$\Delta\boldsymbol{A}=\boldsymbol{E}_1\boldsymbol{\Sigma}(t)\boldsymbol{E}_2$ 表示不确定性矩阵，$\boldsymbol{E}_1$ 和 $\boldsymbol{E}_2$ 为已知矩阵，$\boldsymbol{\Sigma}(t)$ 为未知矩阵，且满足 $\boldsymbol{\Sigma}^T(t)\boldsymbol{\Sigma}(t)\leqslant I$。从外部干扰输入 $\omega(t)$ 到

被控输出 $z(t)$ 的闭环传递函数矩阵 $\boldsymbol{T}_{z\omega}(s)$ 的 $H_\infty$ 和 $L_2-L_\infty$ 性能指标分别定义为

$$\|\boldsymbol{T}_{z\omega}(s)\|_{H_\infty}=\sup_{0\neq\omega(t)\in\mathbb{L}_2[0,\infty)}\frac{\|z(t)\|_2}{\|\omega(t)\|_2},\tag{2.6}$$

和

$$\|\boldsymbol{T}_{z\omega}(s)\|_{L_2-L_\infty}=\sup_{0\neq\omega(t)\in\mathbb{L}_2[0,\infty)}\frac{\|z(t)\|_\infty}{\|\omega(t)\|_2},\tag{2.7}$$

其中，

$$\begin{aligned}\|z(t)\|_2^2&=\int_0^\infty z^{\mathrm{T}}(t)z(t)\mathrm{d}t,\\ \|\omega(t)\|_2^2&=\int_0^\infty \omega^{\mathrm{T}}(t)\omega(t)\mathrm{d}t,\\ \|z(t)\|_\infty^2&=\sup_t z^{\mathrm{T}}(t)z(t).\end{aligned}$$

对预先给定的抑制干扰性能指标 $\gamma>0$，针对两种不同范数定义了如下代价函数：

$$J=\int_0^T[z^{\mathrm{T}}(t)z(t)-\gamma^2\omega^{\mathrm{T}}(t)\omega(t)]\mathrm{d}t,\tag{2.8}$$

或

$$J=V(t)-\gamma\int_0^T\omega^{\mathrm{T}}(t)\omega(t)\mathrm{d}t,\tag{2.9}$$

使系统 (2.5) 能够满足期望性能。式中，$V(t)$ 为系统 (2.5) 的 Lyapunov-Krasovskii 函数，简称 Lyapunov 函数，详细介绍见下一小节。

$L_2-L_\infty$ 控制与 $H_\infty$ 控制类似，可以抑制外部干扰输入信号对系统被控输出的影响。进一步，在考虑减小干扰的同时，$L_2-L_\infty$ 控制还能将系统的被控输出峰值限制在所要求的范围内。关于 $L_2-L_\infty$ 控制方法的文献参见 [106]至[107]。

## 2.4 系统稳定性理论

Lyapunov 方法适用于线性系统和非线性系统，时不变系统和时变系统，连续时间系统和离散时间系统。在多智能体系统稳定性的判别过程中，Lyapunov 稳定性理论也是十分重要的。

### 2.4.1 非线性时变系统的稳定性理论

考虑自治系统

$$\dot{x} = f(x,t), \quad x(t_0) = x_0, \quad t \in [t_o, \infty), \tag{2.10}$$

式中，$x$ 为 $n$ 维状态，$f(x,t)$ 为显含时间变量 $t$ 的 $n$ 维向量函数。这里需要指出的是，自治系统定义为不受外部影响即没有输入作用的一类动态系统。

**定义** 2.13 (**平衡状态**)： 对连续时间非线性时变系统，自治系统 (2.10) 的平衡状态 $x_e$ 定义为状态空间中满足属性

$$\dot{x} = f(x_e,t) = 0, \quad \forall t \in [t_0, \infty) \tag{2.11}$$

的一个状态。

**定义** 2.14 (Lyapunov **意义下的稳定**)： 设 $x_e$ 为自治系统 (2.10) 的平衡状态，如果对任给一个实数 $\varepsilon > 0$, 都对应存在另一依赖于 $\varepsilon$ 和 $t_0$ 的实数 $\delta(\varepsilon,t_0) > 0$，使得满足不等式

$$\|x_0 - x_e\| \leqslant \delta(\varepsilon,t_0) \tag{2.12}$$

的任一初始状态 $x_0$ 出发的受扰运动 $\phi(t;x_0,t_0)$ 都满足不等式

$$\|\phi(t;x_0,t_0) - x_e\| \leqslant \varepsilon, \quad \forall t \geqslant t_0, \tag{2.13}$$

则称孤立平衡状态 $x_e = 0$ 在时刻 $t_0$ 是 Lyapunov 意义下稳定的。

定义表明，Lyapunov 稳定只能保证系统受扰运动相对于平衡状态的有界性，不能保证系统受扰运动相对于平衡状态的渐近性。所以，对于稳定性的工程理解，Lyapunov 意义下的稳定实质上是工程意义下的临界不稳定。无论理论还是应用，渐近稳定性往往更重要，下面给出渐近稳定的定义。

**定义** 2.15 (Lyapunov **意义下的渐近稳定**)： 如果自治系统(2.10)满足$x_e = 0$在时刻$t_0$是李亚普诺夫意义下稳定，并且对实数$\delta(\varepsilon,t_0) > 0$和任给实数$\mu > 0$, 都对应的存在实数$T(\mu,\delta,t_0) > 0$, 使得满足不等式(2.12) 的任一初始状态$x_0$出发的受扰运动$\phi(t;x_0,t_0)$还同时满足不等式

$$\|\phi(t;x_0,t_0) - x_e\| \leqslant \mu, \quad \forall t \geqslant t_0 + T(\mu,\delta,t_0), \tag{2.14}$$

则称自治系统 (2.10) 的孤立平衡状态 $x_e = 0$ 在时刻 $t_0$ 为渐近稳定。

从上面的定义可以看出，Lyapunov 意义下的稳定是渐近稳定的前提条件。并且，Lyapunov意义下的稳定、渐近稳定都是在平衡状态 $x_e = 0$ 邻域中的局部稳定性，也称为小范围渐近稳定，显然对于“小范围”存在相应的“大范围”渐近稳定，也称全局渐近稳定。

**定义 2.16 (大范围渐近稳定/全局渐近稳定):** 对于任意初始值，系统 (2.10) 在平衡状态 $x_e = 0$ 都是渐近稳定的，则称系统大范围渐近稳定或全局渐近稳定。

作为连续时间非线性时变系统的一种特殊情况，时不变系统的自治系统状态方程为

$$\dot{x} = f(x), \quad t \geqslant 0, \tag{2.15}$$

其中，$x$ 为 $n$ 维状态，对所有的 $t \in [0,\infty)$ 有 $f(0) = 0$, 即状态空间原点 $x = 0$ 为系统的孤立平衡状态。

**定理 2.1 (小范围渐近稳定性定理):** 对连续时间非线性时不变自治系统 (2.15), 存在对 $x$ 具有连续一阶偏导数的一个标量函数 $V(x), V(0) = 0$，以及为围绕状态空间原点的一个吸引区 $D$，使对所有非零状态 $x \in D$ 满足以下条件:

（i）$V(x)$ 为正定;

（ii）$\dot{V}(x) \triangleq \mathrm{d}V(x)/\mathrm{d}t$ 为负半定;

（iii）对任意非零 $x_0 \in D$, 有 $\dot{V}(\phi(t,x_0,0))$ 不恒等于零;

（iv）当 $\|x\| \to \infty$ 时, 有 $V(x) \longrightarrow \infty$;

则系统的原点平衡状态 $x = 0$ 在 $D$ 域内渐近稳定。

**定理 2.2 (大范围渐近稳定性定理):** 对连续时间非线性时不变自治系统 (2.15), 存在对 $x$ 具有连续一阶偏导数的一个标量函数 $V(x), V(0) = 0$，且对状态空间 $\mathbb{R}^n$ 中所有非零状态点 $x$ 满足以下条件:

（i）$V(x)$ 为正定;

（ii）$\dot{V}(x) \triangleq \mathrm{d}V(x)/\mathrm{d}t$ 为负定;

（iii）当 $\|x\| \longrightarrow \infty$时，有 $V(x) \longrightarrow \infty$;

则系统的原点平衡状态 $x = 0$ 为全局渐近稳定。

### 2.4.2 连续时间线性时不变系统的稳定性判别定理

在系统 (2.10) 中，$f(x,t)$ 可以进一步表示为状态 $x$ 的线性时不变函数，则可得连续时间线性时不变自治系统的动态描述为

$$\dot{x}(t) = \boldsymbol{A}x(t), \quad t \geqslant 0, \tag{2.16}$$

其中，$x$ 为 $n$ 维状态向量，$\boldsymbol{A} \in \mathbb{R}^{n\times n}$ 是定常矩阵，且非奇异。

**定理 2.3：** [特征值判据] 对系统 (2.16)，原点平衡状态 $x_e = 0$ 是 Lyapunov 意义下稳定的充分必要条件是矩阵 $\boldsymbol{A}$ 的特征值 $\lambda_i$ 均具有非正实部即实部为零或负，且零实部特征值只能为$\boldsymbol{A}$ 的最小多项式的单根。

**定理 2.4：** [特征值判据] 对系统 (2.16)，原点平衡状态 $x_e = 0$ 是渐近稳定的充分必要条件是状态矩阵 $\boldsymbol{A}$ 的特征值 $\lambda_i$ 均具有负实部，即

$$\mathrm{Re}(\lambda_i) < 0 \quad (i = 1,2,\cdots,n)$$

**定理 2.5：** [Lyapunov判据] 对 $n$ 维系统 (2.16) 在平衡状态 $x_e = 0$ 处，原点平衡状态 $x_e = 0$ 是渐近稳定的充要条件为，对任给的一个 $n\times n$ 正定对称矩阵 $\boldsymbol{Q}$，Lyapunov 方程

$$\boldsymbol{A}^{\mathrm{T}}\boldsymbol{P} + \boldsymbol{P}\boldsymbol{A} = -\boldsymbol{Q}$$

有唯一 $n\times n$ 正对对称解阵 $\boldsymbol{P}$。

**注释 2.3：** 一般而言，$V(x)$ 不能等同于能量，且它的含义和形式随系统物理属性的不同而不同。因此，在系统稳定性理论中，通常称满足稳定性定理条件的 $V(x)$为 Lyapunov 函数。判断系统的渐近稳定性，就归结为对给定系统构造合适的 Lyapunov 函数。Lyapunov 函数的选取需要试选和验证，一般选取状态 $x$ 的二次型函数，如果验证不满足定理的条件，再选取形式更为复杂的函数。总的来说，Lyapunov 函数的选取没有一般性的方法，对于不同的系统需要选取不同的 Lyapunov 函数。

**注释 2.4：** Lyapunov稳定性判据是判断系统稳定的充分性条件，所以如果对于给定的系统找不到满足定理条件的Lyapunov函数$V(x)$, 并不能判断系统不稳定。基于该充分条件的属性，在应用Lyapunov判据来判断系统稳定性问题时常遵循“多次试取，退求其次”的原则，即先判断系统全局渐近稳定性，若多次试选不成功则退而判断系统

小范围渐近稳定性；依此类推，再判断Lyapunov意义下的稳定性，直到判断系统不稳定。

## 2.5　模型参考自适应控制

自适应，顾名思义，它是通过改变自身以使其行为适应新的或改变了的环境。因此，自适应控制是一种有效的克服系统中不确定性的控制技术，它可以在线估计系统参数，使得系统在存在不确定性的情况下仍然能够保持良好的性能。本书将自适应控制中的模型参考自适应控制方法用于不确定的多智能体系统一致性研究。模型匹配控制方法的基本原理描述如下。

模型参考自适应控制（MRAC）系统的典型结构如图2-1所示。其基本原理是：根据被控对象结构和控制要求，设计参考模型，使其输出表达为输入指令的期望响应，然后通过模型输出与被控对象输出之差来调整控制器参数，使差值趋于零，也就是使被控对象向模型输出靠近，最终达到完全一致。

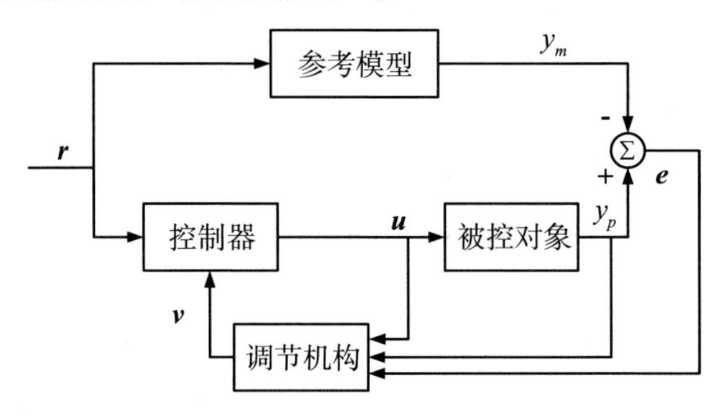


图 2-1　模型参考自适应控制

根据控制器参数更新方法的不同，模型参考自适应控制可分为直接自适应控制和间接自适应控制。

### 2.5.1　直接自适应控制

所谓直接自适应控制，是指控制器参数直接从一个自适应规律中获取并更新，其系统设计的基本方法一般有两种：Lyapunov法和梯度法。

下面用Lyapunov设计法举例说明。设一阶线性时不变对象为

$$\dot{y}(t) = a_p y(t) + u(t), \quad t \geqslant 0, \tag{2.17}$$

式中，常数 $a_p$ 是对象参数，$y(t)$ 是具有初始值 $y(0)=y_0$ 的对象输出，$u(t)$ 是控制输入。

参考模型动态方程为

$$\dot{y}_m(t)=-a_m y_m(t)+u_r(t),\ y_m(0)=y_{m_0},\quad t\geqslant 0,\tag{2.18}$$

式中，$a_m>0$ 为模型参数，根据稳定和性能要求确定，$u_r(t)$ 为有界输入，它是期望的系统响应。

控制器的目标是要设计一个反馈控制 $u(t)$，使所有的闭环系统信号有界，并使被控对象输出 $y(t)$ 跟踪参考模型输出 $y_m(t)$。这里分两种情况讨论，一是对象参数 $a_p$ 已知时的设计，由于这种情况下的分析相对简单而且本书也未涉及，在此不做描述。二是对象参数 $a_p$ 未知时的设计，下面详细介绍。

设计下列反馈控制器:

$$u(t)=k(t)y(t)+u_r(t),\tag{2.19}$$

式中，$k(t)$ 是最优参数 $k^*$ 的估计值，$k^*=-a_p-a_m$。将上式用到式 (2.17) 表示的对象中，将产生闭环系统

$$\dot{y}(t)=-a_m y(t)+u_r(t)+[k(t)-k^*]y(t),\ t\geqslant 0\tag{2.20}$$

定义跟踪误差为 $e(t)=y(t)-y_m(t)$。从式 (2.18) 和式 (2.20)，可得跟踪误差方程

$$\dot{e}(t)=-a_m e(t)+\tilde{k}(t)y(t),\ t\geqslant 0,\tag{2.21}$$

式中，$\tilde{k}(t)=k(t)-k^*$ 为参数误差。

设计任务是要选择一个自适应规律更新估计参数 $k(t)$，以便即使对象参数 $a_p$ 未知，所描述的控制器目标仍能达到。

现引入一个含有误差 $e(t)$ 和 $\tilde{k}(t)$ 的函数

$$V(e,\tilde{k})=e^2+\lambda^{-1}\tilde{k}^2,\tag{2.22}$$

式中，$\lambda>0$ 为正常数。对 $V(t)$ 求时间导数

$$\dot{V}=\frac{\mathrm{d}V}{\mathrm{d}t}=2e\dot{e}+2\lambda^{-1}\tilde{k}\dot{\tilde{k}},\tag{2.23}$$

由于 $k^*$ 是常数，有 $\dot{\tilde{k}}=\dot{k}(t)$，再由式 (2.21)，上式可变为

$$\dot{V}=\frac{\mathrm{d}V}{\mathrm{d}t}=-2a_m e^2(t)+2e(t)y(t)\tilde{k}(t)+2\lambda^{-1}\tilde{k}(t)\dot{k}(t), \tag{2.24}$$

令 $2e(t)y(t)\tilde{k}(t)+2\lambda^{-1}\tilde{k}(t)\dot{k}(t)=0$，可得

$$\dot{k}(t)=-\lambda e(t)y(t),\ t\geqslant 0, \tag{2.25}$$

于是式 (2.24) 变为

$$\dot{V}(t)=-2a_m e^2(t)\leqslant 0 \tag{2.26}$$

式 (2.25) 就是所求自适应规律。由式(2.22)可知误差 $e(t)$ 和 $\tilde{k}(t)$ 是有界的。此外，由于

$$\int_0^{\infty} e^2(t)\mathrm{d}t=\frac{1}{2a_m}[V[e(0),\ \tilde{k}(0)-V[e(\infty),\ \tilde{k}(\infty)]<\infty,$$

应用本书第6章中 Barbalat引理及推论 (6.1) 可知 $\lim\limits_{t\to\infty} e(t)=0$。因此，尽管被控对象参数 $a_p$ 不确定，经由自适应控制律 (2.25)更新的自适应控制器式 (2.19) 仍能实现理想的跟踪性能

$$\lim_{t\to\infty}[y(t)-y_m(t)]=0$$

由于控制器式 (2.19)中的控制参数 $k(t)$，是由控制器参数自适应更新规律式 (2.25)直接获得的，所以称作直接自适应控制。

### 2.5.2　间接自适应控制

间接自适应控制，首先要求对被控对象未知参数进行估计，然后用此估计值从代数方程中计算控制器参数。

仍采用上一小节中的被控对象(2.17)和参考模型(2.18)，以及控制器结构(2.19)。设 $\hat{a}_p(t)$ 是未知参数 $a_p$ 的估计值，式(2.19)中的 $k(t)$ 由下式计算：

$$k(t)=-\hat{a}_p(t)-a_m, \tag{2.27}$$

为产生参数估计 $\hat{a}_p(t)$，选择一个稳定的滤波 $\dfrac{1}{s+a_f}$，其中，$a_f>0$。于是式(2.17)可写为

$$\dot{y}=-a_f y+(a_f+a_p)y+u,$$

进一步可写为

$$\begin{aligned} y(t) &= (a_f + a_p)\frac{1}{s+a_f}y(t) + \frac{1}{s+a_f}u(t) \\ &= \theta_p^*\phi(t) + \frac{1}{s+a_f}u(t), \end{aligned} \tag{2.28}$$

式中，$\theta_p^* = a_f + a_p$，$\phi(t) = \dfrac{1}{s+a_f}y(t)$。

设 $\theta_p(t)$ 是未知参数 $\theta_p^*$ 的估计值：$\theta_p(t) = a_f + \hat{a}_p$。引入估计误差

$$\varepsilon(t) = \theta_p\phi(t) + \frac{1}{s+a_f}u(t) - y(t),$$

由式(2.28)和上式有 $\varepsilon(t) = \tilde{\theta}_p\phi(t)$，式中，$\tilde{\theta}_p = \theta_p(t) - \theta_p^* = \hat{a}_p - a_p$。

取与前面相似的性能指标函数，用类似的方法，选 $\theta_p(t)$ 自适应规律为

$$\dot{\theta}_p(t) = -\frac{\lambda\varepsilon(t)\phi(t)}{m^2(t)}, \quad t \geqslant 0, \tag{2.29}$$

式中，$\lambda > 0$，$m^2(t) = 1 + \phi^2(t)$。

有了 $\theta_p(t)$，即有了 $\hat{a}_p(t)$，由式(2.27)计算 $k(t)$，再由式(2.19)可求出控制量 $u(t)$。

这种方法中控制参数 $k(t)$ 是通过 $\theta_p(t)$ 和 $\hat{a}_p(t)$，并经过式(2.27)计算获得的，所以称作间接自适应控制。

## 2.6 本章小结

本章主要为后续章节提供理论基础，主要介绍了：本书通用的数学记号及其含义和一些矩阵理论的基本概念；多智能体系统中图的定义及相关概念和Laplacian矩阵的性质；针对不确定性系统的鲁棒 $H_\infty$ 和 $L_2 - L_\infty$ 控制理论；现代控制理论中广泛应用的Lyapunov方法在不同自治系统中判别稳定性的方法；以及模型参考自适应控制的基本原理。

# 第3章　有领航者二阶时滞多智能体系统的一致性控制

本章研究了有领航者二阶时滞多智能体系统一致性控制问题。在定拓扑情形下，使用频域分析方法研究二阶多智能体系统一致性问题，得到了保证所有智能体状态达到一致的充分必要条件；在变拓扑情形下，使用时域LMI方法研究二阶多智能体系统一致性问题，考虑了智能体之间的通信时滞和智能体与领航者之间时滞相同或不同两种情形，分别得到状态一致的充分条件。最后仿真结果验证了所提协议的有效性和所得结论的正确性。

## 3.1　引言

二阶多智能体系统是在实际中普遍存在的系统，大多应用在无人机的合作控制和移动机器人的编队控制等重要项目中。同时，多智能体系统协调控制受生态学、理论生物学中群集运动的启发，比如：鸟群、鱼群、蜂群，通过有一个“领头”的生物，由此，有领航者的多智能体系统协调控制就成为一个研究方向。关于有领航者的二阶多智能体系统一致性问题，研究者已做了一些工作，参见文献 [5]至[6]，[48]，[86]。Hu等人在文献[5]中研究了时变时滞多智能体系统的 leader-following 一致性问题，分别考虑了定拓扑网络下的有向图和变拓扑网络下的平衡图两种情况。Peng等人在文献[6]中研究了具有变速度领航者的多智能体系统 leader-following 一致性问题，分别考虑了与领航者之间的通信时滞为时不变和时变两种情形下的一致性条件。在文献[86]中，Tian等用频域分析方法研究了不同输入时滞下二阶多智能体系统 leader-following 一致性控制问题，当边的权值受到非对称扰动影响时，进一步研究其鲁棒一致性条件，并得到扰动矩阵最大奇异值的范围。

本章将Lin等人在文献[88]中的工作推广到有领航者的二阶多智能体系统一致性研究中。针对定拓扑结构采用该文献涉及的频域分析方法，得到 leader-following 一致性获得的充分必要条件，并给出了系统最大容许时滞的计算方法。在变拓扑网络结构下，考虑了智能体之间的通信时滞和智能体与领航者之间时滞相同或不同两种情形，采用基于时域线性矩阵不等式方法来求解，确保系统达到一致的时滞上界。

本章的其余部分安排如下。第3.2节对所研究的一致性控制问题进行了描述。第3.3节提出多智能体系统的一致性控制协议，并分别得到定拓扑和变拓扑情形下的系统动态特性。第3.4节得到系统达到一致的条件。第3.5节通过仿真实例验证所得结论的正确性。最后，第3.6节对本章内容进行了小结。

## 3.2 问题描述

有领航者的多智能体网络系统通常定义为包含 $n+1$ 个节点的有向图 $\bar{\mathscr{G}}$。设节点 0 为领航者且为全局可达节点，其他节点 $1,2,\cdots,n$ 为跟随者。同样，定义一个对角矩阵 $D\in\mathbb{R}^{n\times n}$ 为图 $\bar{\mathscr{G}}$ 中领航者的邻接矩阵，其对角元素为 $d_i$，$d_i=a_{i0}$。如果节点 0 是节点 $i$的邻居节点，则 $a_{i0}>0$；否则，$a_{i0}=0$。其余 $n$ 个跟随者的系统动态为

$$
\begin{aligned}
&\dot{x}_i(t)=v_i(t),\\
&\dot{v}_i(t)=u_i(t),\qquad i=1,2,\cdots,n
\end{aligned}
\tag{3.1}
$$

且初始条件为 $x_i(t)=x_i(0)$，$v_i(t)=v_i(0)$，$t\in(-\infty,0]$，其中，$x_i(t)\in\mathbb{R}^n$，$v_i(t)\in\mathbb{R}^n$ 分别表示第 $i$ 个智能体的位置和速度状态，$u_i(t)\in\mathbb{R}^n$ 为控制输入或控制协议。

设领航者的速度为恒定值，它的运动是独立的，不受其他节点影响，而跟随者受领航者和其他跟随者的影响。下面给出领航者的状态方程为

$$
\dot{x}_0(t)=v_0,\tag{3.2}
$$

其中，$x_0(t)$ 为领航者的位置，$v_0$ 为期望的常值速度。

我们的控制目的是设计控制协议使跟随者与领航者位置和速度趋于相同，也就是说，多智能体系统 (3.1) 达到一致当且仅当

$$
\begin{aligned}
&\lim_{t\to+\infty}x_i(t)=x_0(t),\\
&\lim_{t\to+\infty}v_i(t)=v_0,\qquad i=1,2,\cdots,n
\end{aligned}
\tag{3.3}
$$

## 3.3 协议设计

为了解决上述有领航者二阶多智能体系统的一致性问题，需要设计一个适合的控制协议 $u_i(t)$，不但能保证位置一致，也能使速度同步。在实际应用中，智能体之间常

常存在信息传输时滞，针对定拓扑时滞网络选取如下控制协议：

$$u_i(t) = -k(v_i(t) - v_0) + \sum_{j \in \mathcal{N}_i} a_{ij}[x_j(t-\tau) - x_i(t-\tau)] - d_i(x_i(t-\tau) - x_0(t-\tau)) \tag{3.4}$$

其中，$k>0$ 为控制参数，$a_{ij}$ 为有向图边的权值，$\tau>0$ 为常数时滞，$d_i$ 为领航者邻接矩阵中的元素，且$d_i = a_{i0}$。

令

$$\begin{aligned} \bar{x}_i(t) &= x_i(t) - x_0(t), \\ \bar{v}_i(t) &= v_i(t) - v_0, \end{aligned} \tag{3.5}$$

可得

$$\begin{aligned} \dot{\bar{x}}_i(t) &= \bar{v}_i(t), \\ \dot{\bar{v}}_i(t) &= u_i(t), \qquad i = 1, 2, \cdots, n \end{aligned} \tag{3.6}$$

记

$$\begin{aligned} \eta(t) =& [\bar{x}_1(t), \bar{v}_1(t), \cdots, \bar{x}_n(t), \bar{v}_n(t)]^{\mathrm{T}} \in \mathbb{R}^{2n \times n}, \\ \boldsymbol{A} =& \begin{bmatrix} 0 & 1 \\ 0 & -k \end{bmatrix} \in \mathbb{R}^{2\times 2}, \\ \boldsymbol{B} =& \begin{bmatrix} 0 & 0 \\ 1 & 0 \end{bmatrix} \in \mathbb{R}^{2\times 2} \end{aligned}$$

利用协议 (3.4)，定拓扑网络下的系统动态为

$$\dot{\eta}(t) = (\boldsymbol{I}_n \otimes \boldsymbol{A})\eta(t) - [(\boldsymbol{L}+\boldsymbol{D}) \otimes \boldsymbol{B}]\eta(t-\tau) \tag{3.7}$$

式中，$\boldsymbol{L}$ 为图 $\mathcal{G}$ 的 Laplacian 矩阵，$\boldsymbol{D}$ 为跟随者与领航者之间的邻接矩阵。同时可知，系统 (3.1) 达到满足式 (3.3) 的一致性当且仅当 $\lim\limits_{t\to+\infty} \eta(t) = \boldsymbol{0}$，即系统 (3.7) 渐近稳定。

**注释 3.1：** 由于二阶多智能体系统 (3.7) 中领航者是全局可达节点，因此，矩阵 $L+D$ 没有零特征值。

在变拓扑网络结构下，考虑智能体之间的通信时滞和智能体与领航者之间通信时滞往往不同，进一步设计如下控制协议：

$$u_i(t) = -k[v_i(t) - v_0] + \sum_{j \in \mathcal{N}_i} a_{ij}[x_j(t-\tau_{ij}) - x_i(t-\tau_{ij})] - d_i[x_i(t-\tau_{i0}) - x_0(t-\tau_{i0})] \tag{3.8}$$

下面分两种情况进行讨论:

(1) 智能体之间通信时滞 $\tau_{ij}$ 和智能体与领航者之间通信时滞 $\tau_{i0}$ 相等，即

$$\tau_{ij}=\tau_{ji}=\tau_{i0}=\tau, \quad \forall i,j\in\mathscr{I}$$

(2) 智能体之间通信时滞 $\tau_{ij}$ 和智能体与领航者之间通信时滞 $\tau_{i0}$ 不相同，即

$$\tau_{ij}=\tau_{ji}=\tau_1,$$

$$\tau_{i0}=\tau_2, \quad \forall i,j\in\mathscr{I}$$

第一种时滞情形下变拓扑网络下的系统动态为

$$\dot{\eta}(t)=(\boldsymbol{I}_n\otimes\boldsymbol{A})\eta(t)-[(\boldsymbol{L}_\sigma+\boldsymbol{D}_\sigma)\otimes\boldsymbol{B}]\eta(t-\tau) \tag{3.9}$$

第二种时滞情形下变拓扑网络下的系统动态为

$$\dot{\eta}(t)=(\boldsymbol{I}_n\otimes\boldsymbol{A})\eta(t)-(\boldsymbol{L}_\sigma\otimes\boldsymbol{B})\eta(t-\tau_1)-(\boldsymbol{D}_\sigma\otimes\boldsymbol{B})\eta(t-\tau_2) \tag{3.10}$$

其中，$\boldsymbol{L}_\sigma$ 和 $\boldsymbol{D}_\sigma$ 分别为变拓扑图 $\mathscr{G}_\sigma$ 的 Laplacian 矩阵和领航者的邻接矩阵。

在给出一致性条件之前，首先介绍两个引理:

**引理** 3.1 ([148]): 对于任意实矩阵$\boldsymbol{D}\in\mathbb{R}^{n\times m}$，$E\in\mathbb{R}^{m\times n}$ 和满足条件$\|\boldsymbol{F}(t)\|\leqslant 1$的时变矩阵$\boldsymbol{F}(t)\in\mathbb{R}^{m\times m}$，其中，$\|\cdot\|$ 表示任一范数。下面的式子成立:

(1) 对任意实数$\varepsilon>0$，

$$\boldsymbol{DF}(t)\boldsymbol{E}+\boldsymbol{E}^{\mathrm{T}}\boldsymbol{F}(t)^{\mathrm{T}}\boldsymbol{D}^{\mathrm{T}}\leqslant\varepsilon^{-1}\boldsymbol{DD}^{\mathrm{T}}+\varepsilon\boldsymbol{E}^{\mathrm{T}}\boldsymbol{E}$$

(2) 对任意正定矩阵$\boldsymbol{R}\in\mathbb{R}^{n\times n}$，

$$\boldsymbol{DE}+\boldsymbol{E}^{\mathrm{T}}\boldsymbol{D}^{\mathrm{T}}\leqslant\boldsymbol{DR}^{-1}\boldsymbol{D}^{\mathrm{T}}+\boldsymbol{E}^{\mathrm{T}}\boldsymbol{RE}$$

**引理** 3.2 ([149]): (Schur补引理) 对于给定对称矩阵$S\in\mathbb{R}^{n\times n}$，$S_{11}\in\mathbb{R}^{r\times r}$，$S_{12}\in\mathbb{R}^{r\times(n-r)}$，$S_{22}\in\mathbb{R}^{(n-r)\times(n-r)}$，则$S<0$，当且仅当

$$S_{11}<0, \quad S_{22}-S_{12}^{\mathrm{T}}S_{11}^{-1}S_{12}<0$$

或等价地，

$$S_{22}<0, \quad S_{11}-S_{12}S_{22}^{-1}S_{12}^{\mathrm{T}}<0$$

## 3.4　二阶多智能体系统稳定性分析

在这小节，将采用频域分析方法研究定拓扑网络结构下具有领航者的二阶多智能体系统一致性问题，同时采用时域线性矩阵不等式方法研究变拓扑网络结构下该系统一致性问题，分别考虑了智能体之间的通信时滞和智能体与领航者之间时滞相同或不同两种情形。

### 3.4.1　定拓扑网络

**定理 3.1：** 考虑具有时滞的有向定拓扑网络结构下有领航者二阶多智能体系统 (3.7)。利用控制协议 (3.4)，多智能体系统状态能够达到一致当且仅当 $k>0$时，时滞 $\tau$ 满足 $\tau<\tau^*$，其中

$$\tau^*=\frac{k\arccos\dfrac{1}{\dfrac{k^2}{\lambda_{d\max}}+\sqrt{(\dfrac{k^2}{\lambda_{d\max}})^2+1}}}{\lambda_{d\max}\sqrt{1-\left[\dfrac{1}{\dfrac{k^2}{\lambda_{d\max}}+\sqrt{(\dfrac{k^2}{\lambda_{d\max}})^2+1}}\right]^2}} \tag{3.11}$$

式中，$\lambda_{d\max}=\max_i(\lambda_{di})$，$\lambda_{di}=|\lambda_i+d_i|$，$|\cdot|$为复数的模值。

**证明：** 在定拓扑情形下，用频域分析法来确定系统 (3.7) 的稳定性。在初始状态 $x(0)=x_0$ 下，对式 (3.7) 进行 Laplacian 变换可得 $\boldsymbol{X}(s)=\boldsymbol{G}_\tau(s)x(0)$, 其中

$$\boldsymbol{G}_\tau(s)=[s\boldsymbol{I}_{2n}-\boldsymbol{I}_n\otimes\boldsymbol{A}+(\boldsymbol{L}+\boldsymbol{D})\otimes\boldsymbol{B}\mathrm{e}^{-\tau s}]^{-1} \tag{3.12}$$

定义 $\boldsymbol{Y}_\tau(s)=s\boldsymbol{I}_{2n}-\boldsymbol{I}_n\otimes\boldsymbol{A}+(\boldsymbol{L}+\boldsymbol{D})\otimes\boldsymbol{B}\mathrm{e}^{-\tau s}$，由注释 3.1 可知，$\boldsymbol{L}+\boldsymbol{D}$ 没有零特征值，因此，系统 (3.7) 达到渐近稳定当且仅当 $\boldsymbol{Y}_\tau(s)$ 所有零点都在左半开平面。容易知道，存在一个可逆矩阵 $\boldsymbol{W}$，使得

$$\begin{aligned}\boldsymbol{F}&=\boldsymbol{W}^{-1}(\boldsymbol{L}+\boldsymbol{D})\boldsymbol{W}\\&=\mathrm{diag}\{0,\boldsymbol{J}_2,\cdots,\boldsymbol{J}_l\}+\mathrm{diag}\{d_1,d_2,\cdots,d_n\}\end{aligned}$$

其中，$\boldsymbol{J}_2,\cdots,\boldsymbol{J}_l$ 为约当块，$\boldsymbol{J}_i$ $(i=2,\cdots,l)$ 的特征值均具有正实部。所以可得下面的结果

$$
\begin{aligned}
\boldsymbol{F}_\tau(s) &= (\boldsymbol{W}\otimes\boldsymbol{I}_2)(\boldsymbol{W}^{-1}\otimes\boldsymbol{I}_2)\boldsymbol{Y}_\tau(s)(\boldsymbol{W}\otimes\boldsymbol{I}_2)(\boldsymbol{W}^{-1}\otimes\boldsymbol{I}_2)\\
&= (\boldsymbol{W}\otimes\boldsymbol{I}_2)(s\boldsymbol{I}_{2n}-\boldsymbol{I}_n\otimes\boldsymbol{A}+\boldsymbol{F}\otimes\boldsymbol{B}e^{-\tau s})(\boldsymbol{W}^{-1}\otimes\boldsymbol{I}_2)\\
&\triangleq (\boldsymbol{W}\otimes\boldsymbol{I}_2)\bar{\boldsymbol{F}}_\tau(s)(\boldsymbol{W}^{-1}\otimes\boldsymbol{I}_2)
\end{aligned}
\tag{3.13}
$$

式中，

$$
\bar{\boldsymbol{F}}_\tau(s)=
$$

$$
\begin{bmatrix}
s\boldsymbol{I}-\boldsymbol{A}+d_1\boldsymbol{B}\mathrm{e}^{-\tau s} & & & \\
 & s\boldsymbol{I}-\boldsymbol{A}+(\lambda_2+d_2)\boldsymbol{B}\mathrm{e}^{-\tau s} & \dagger & \\
 & & \ddots & \dagger \\
 & & & s\boldsymbol{I}-\boldsymbol{A}+(\lambda_n+d_n)\boldsymbol{B}\mathrm{e}^{-\tau s}
\end{bmatrix}
$$

其中，$\lambda_2,\cdots,\lambda_n$ 是 $\boldsymbol{L}$ 的非零特征值，‘†’ 表示无关项，其余项均为0。

根据式 (3.13) 计算 $\boldsymbol{Y}_\tau(s)$ 的行列式，得

$$
\det(\boldsymbol{Y}_\tau(s))=(s^2+ks+d_1\mathrm{e}^{-\tau s})\prod_{i=2}^{n}s^2+k\,s+(\lambda_i+d_i)\mathrm{e}^{-\tau s}
\tag{3.14}
$$

从上式可以看出，系统 (3.7) 稳定的充分必要条件为方程

$$
s^2+ks+(\lambda_i+d_i)\mathrm{e}^{-\tau s}=0,\quad i=1,2,\cdots,n
\tag{3.15}
$$

的根全部位于复平面的左半平面。这里值得注意的是 $\lambda_1=0$。

利用式 (3.15) 计算 $\tau$ 的最小上界。令 $s=\mathrm{j}\omega$，$\lambda_i=a_i+\mathrm{j}b_i$，$a_i,b_i\in R$,则

$$
-\omega^2+(a_i+d_i)\cos(\omega\tau)+b_i\sin(\omega\tau)=0
\tag{3.16}
$$

$$
k\omega+b_i\cos(\omega\tau)-(a_i+d_i)\sin(\omega\tau)=0
\tag{3.17}
$$

由 $k>0$，$a_i+d_i>0$ 可知

$$
\cos(\omega\tau)>0
\tag{3.18}
$$

$$
\omega=\frac{(\lambda_i+d_i)\sin(\omega\tau)}{k}
\tag{3.19}
$$

将式 (3.19) 代入式 (3.16)，可得

$$(\lambda_i+d_i)\cos^2(\omega\tau)+k^2\cos(\omega\tau)-(\lambda_i+d_i)=0 \tag{3.20}$$

记 $\lambda_{di}=\lambda_i+d_i$，上式可写为

$$\lambda_{di}\cos^2(\omega\tau)+k^2\cos(\omega\tau)-\lambda_{di}=0 \tag{3.21}$$

求解式 (3.21)，并由 $(x+y)^2>x^2+y^2$ 可知

$$\begin{aligned}\cos(\omega\tau)&=-\frac{k^2}{\lambda_{di}}+\sqrt{(\frac{k^2}{\lambda_{di}})^2+1}\\&=\frac{1}{\frac{k^2}{\lambda_{di}}+\sqrt{(\frac{k^2}{\lambda_{di}})^2+1}}<1\end{aligned} \tag{3.22}$$

将式 (3.22) 代入式 (3.19) 有

$$\begin{aligned}\omega&=\pm\frac{\lambda_{di}\sqrt{1-\cos^2(\omega\tau)}}{k}\\&=\pm\frac{\lambda_{di}\sqrt{1-\left[\frac{1}{\frac{k^2}{\lambda_{di}}+\sqrt{(\frac{k^2}{\lambda_{di}})^2+1}}\right]^2}}{k}\end{aligned} \tag{3.23}$$

因此，

$$\tau=2n\pi\pm\frac{\arccos[\cos(\omega\tau)]}{\omega},\quad n=0,\pm1,\pm2,\cdots \tag{3.24}$$

所以，最小的时滞 $\tau$ 为

$$\tau=\frac{k\arccos\frac{1}{\frac{k^2}{\lambda_{di}}+\sqrt{(\frac{k^2}{\lambda_{di}})^2+1}}}{\lambda_{di}\sqrt{1-\left[\frac{1}{\frac{k^2}{\lambda_{di}}+\sqrt{(\frac{k^2}{\lambda_{di}})^2+1}}\right]^2}} \tag{3.25}$$

从上式可以看出，$\omega$ 是一个关于 $\lambda_{di}$ 的增函数，而 $\arccos(x)$ 是 $x$ 的减函数，所以 $\tau$ 是关于 $\lambda_{di}$ 的减函数。记 $\lambda_{d\max} = \max\limits_{i} \lambda_{di}$。可以得到

$$\tau^* = \frac{k \arccos \dfrac{1}{\dfrac{k^2}{\lambda_{d\max}} + \sqrt{(\dfrac{k^2}{\lambda_{d\max}})^2 + 1}}}{\lambda_{d\max} \sqrt{1 - \left[ \dfrac{1}{\dfrac{k^2}{\lambda_{d\max}} + \sqrt{(\dfrac{k^2}{\lambda_{d\max}})^2 + 1}} \right]^2}} \tag{3.26}$$

令式 (3.15) 中 $\tau = 0$，容易看出式 (3.15) 所有的根均位于复平面的左半开平面。由于式 (3.15) 根关于 $\tau$ 是连续的，对任意 $0 < \tau < \tau^*$ 均有式 (3.15) 的根位于左半开平面。因此，系统 (3.7) 渐近稳定，即 $\lim\limits_{t\to+\infty} \eta(t) = \mathbf{0}$，也就是说下式成立

$$\lim_{t\to+\infty} x_i(t) = x_0(t), \quad \lim_{t\to+\infty} v_i(t) = v_0, \qquad i = 1, 2, \cdots, n$$

由此可知，有领航者的二阶多智能体系统 (3.7) 在定理 3.1 条件下能够实现一致。证明完毕。 □

**引理** 3.3： 考虑以下方程

$$x^2 + cx + a + bj = 0 \tag{3.27}$$

其中，$a, b, c \in \mathbb{R}$ ,且 $a > 0$，$c > 0$。当 $c^2 > b^2/a$ 时，方程 (3.27) 的解均具有负实部。

**推论** 3.1： 考虑无时滞的有向定拓扑网络结构下有领航者二阶多智能体系统 (3.7)。在满足 $\tau = 0$ 的控制协议 (3.4) 下，系统状态能够达到一致当且仅当 $k > 0$ 且 $k^2 > \max_{||\lambda_i + d_i|| \neq 0} \{ \dfrac{[\mathrm{Im}(\lambda_i + d_i)]^2}{\mathrm{Re}(\lambda_i + d_i)} \}$，其中，$\mathrm{Im}(\lambda_i + d_i)$，$\mathrm{Re}(\lambda_i + d_i)$ 分别表示 $\lambda_i + d_i$ 的虚部和实部。

**证明：** 当系统 (3.7) 中时滞为零，即 $\tau = 0$，则可重写式 (3.7) 为

$$\dot{\eta}(t) = [(\boldsymbol{I}_n \otimes \boldsymbol{A}) - (\boldsymbol{L} + \boldsymbol{D}) \otimes \boldsymbol{B}] \eta(t) \tag{3.28}$$

下面研究无时滞有领航者多智能体系统 (3.28) 实现一致的条件。由注释 3.1 可知，$\boldsymbol{L} + \boldsymbol{D}$ 没有零特征根，所以，系统 (3.28) 实现一致当且仅当矩阵 $\boldsymbol{I}_n \otimes \boldsymbol{A} - (\boldsymbol{L} + \boldsymbol{D}) \otimes \boldsymbol{B}$ 的特征根均具有负实部。

由定理 (3.1) 的证明可知，存在可逆矩阵 $\boldsymbol{W}$，使矩阵 $\boldsymbol{I}_n \otimes \boldsymbol{A}-(\boldsymbol{L}+\boldsymbol{D}) \otimes \boldsymbol{B}$ 的特征多项式为

$$
\begin{aligned}
&\det[s\boldsymbol{I}_{2n}-\boldsymbol{I}_n \otimes \boldsymbol{A}+(\boldsymbol{L}+\boldsymbol{D}) \otimes \boldsymbol{B}] \\
=&\det[(\boldsymbol{W} \otimes \boldsymbol{I}_2)(\boldsymbol{W}^{-1} \otimes \boldsymbol{I}_2)(s\boldsymbol{I}_{2n}-\boldsymbol{I}_n \otimes \boldsymbol{A}+(\boldsymbol{L}+\boldsymbol{D}) \otimes \boldsymbol{B})(\boldsymbol{W} \otimes \boldsymbol{I}_2)(\boldsymbol{W}^{-1} \otimes \boldsymbol{I}_2)] \\
=&\prod_{i=1}^{n} s^2+ks+(\lambda_i+d_i)
\end{aligned}
\tag{3.29}
$$

式中，$\lambda_i$，$i=2,\cdots,n$ 为 Laplacian 矩阵 $\boldsymbol{L}$ 的特征值，且 $\lambda_1=0$，$d_i>0$，$i=1,2,\cdots,n$ 为领航者邻接矩阵 $\boldsymbol{D}$ 对角线元素。由引理 2.1 可知，$\mathrm{Re}(\lambda_i)>0$，$i=2,\cdots,n$，再根据引理 3.3 可知矩阵 $\boldsymbol{I}_n \otimes \boldsymbol{A}-(\boldsymbol{L}+\boldsymbol{D}) \otimes \boldsymbol{B}$ 的特征根均在复平面的左半开平面，当 $k>0$ 且 $k^2>\max_{\|\lambda_i+d_i\|\neq 0}\{\frac{[\mathrm{Im}(\lambda_i+d_i)]^2}{\mathrm{Re}(\lambda_i+d_i)}\}$。

因此，无时滞有领航者的二阶多智能体系统 (3.28) 达到满足条件 (3.3) 的一致性。证明完毕。 □

### 3.4.2　变拓扑网络

这一小节研究系统在变拓扑网络结构下有领航者二阶多智能体系统一致性条件，此时频域分析方法不能适用，因此采用时域LMI方法进行研究，并且考虑了智能体间通信时滞和智能体与领航者间时滞相同和不相同两种情形下的多智能体系统一致性。

**定理 3.2:**　考虑具有相同时滞 $\tau$ 的有向变拓扑网络结构下有领航者二阶多智能体系统 (3.9) 。如果存在对称矩阵 $\boldsymbol{P}>0$，$\boldsymbol{Q}>0$，$\boldsymbol{R}>0$，且 $\boldsymbol{P},\boldsymbol{Q},\boldsymbol{R}\in\mathbb{R}^{2n\times 2n}$ 满足下式

$$
\boldsymbol{M}=\begin{bmatrix} \boldsymbol{M}_{11} & \boldsymbol{M}_{12} & \boldsymbol{M}_{13} \\ * & \boldsymbol{M}_{22} & \boldsymbol{0} \\ * & * & \boldsymbol{M}_{33} \end{bmatrix}<0, \tag{3.30}
$$

则多智能体系统 (3.9) 的状态能够达到一致。其中，

$$\boldsymbol{M}_{11}=\boldsymbol{P}[\boldsymbol{I}_n \otimes \boldsymbol{A}-(\boldsymbol{L}_\sigma+\boldsymbol{D}_\sigma) \otimes \boldsymbol{B}]-[\boldsymbol{I}_n \otimes \boldsymbol{A}-(\boldsymbol{L}_\sigma+\boldsymbol{D}_\sigma) \otimes \boldsymbol{B}]^{\mathrm{T}}\boldsymbol{P}+\boldsymbol{Q}+\tau(\boldsymbol{I}_n \otimes \boldsymbol{A})^{\mathrm{T}}\boldsymbol{R}(\boldsymbol{I}_n \otimes \boldsymbol{A}),$$

$$\boldsymbol{M}_{12}=-\tau(\boldsymbol{I}_n \otimes \boldsymbol{A})^{\mathrm{T}}\boldsymbol{R}[(\boldsymbol{L}_\sigma+\boldsymbol{D}_\sigma) \otimes \boldsymbol{B}],$$

$$\boldsymbol{M}_{22}=-\boldsymbol{Q}+\tau[(\boldsymbol{L}_\sigma+\boldsymbol{D}_\sigma) \otimes \boldsymbol{B}]^{\mathrm{T}}\boldsymbol{R}[(\boldsymbol{L}_\sigma+\boldsymbol{D}_\sigma) \otimes \boldsymbol{B}],$$

$$\boldsymbol{M}_{13}=\boldsymbol{P}[(\boldsymbol{L}_\sigma+\boldsymbol{D}_\sigma) \otimes \boldsymbol{B}],$$

$$\boldsymbol{M}_{33}=-\frac{\boldsymbol{R}}{\tau}$$

**证明：** 对于系统 (3.9)，我们采用以下 Lyapunov 函数：

$$\boldsymbol{V}(t)=\eta^{\mathrm{T}}(t)\boldsymbol{P}\eta(t)+\int_{t-\tau}^{t}\eta^{\mathrm{T}}(s)\boldsymbol{Q}\eta(s)\mathrm{d}s+\int_{-\tau}^{0}\int_{t+\theta}^{t}\dot{\eta}^{\mathrm{T}}(s)\boldsymbol{R}\dot{\eta}(s)\mathrm{d}s\mathrm{d}\theta \tag{3.31}$$

沿着式 (3.9) 的解求 $V(t)$ 的导数，得

$$\begin{aligned}\dot{\boldsymbol{V}}(t)=&2\eta^{\mathrm{T}}(t)\boldsymbol{P}\dot{\eta}(t)+\eta^{\mathrm{T}}(t)\boldsymbol{Q}\eta(t)-\eta^{\mathrm{T}}(t-\tau)\boldsymbol{Q}\eta(t-\tau)+\tau\dot{\eta}^{\mathrm{T}}(t)\boldsymbol{R}\dot{\eta}(t)-\int_{t-\tau}^{t}\dot{\eta}^{\mathrm{T}}(s)\boldsymbol{R}\dot{\eta}(s)\mathrm{d}s\\=&2\eta^{\mathrm{T}}(t)\boldsymbol{P}(\boldsymbol{I}_{n-1}\otimes\boldsymbol{A})\eta(t)-2\eta^{\mathrm{T}}(t)\boldsymbol{P}(\boldsymbol{L}_{\sigma}+\boldsymbol{D}_{\sigma})\otimes\boldsymbol{B}\eta(t-\tau)+\eta^{\mathrm{T}}(t)\boldsymbol{Q}\eta(t)-\\&\eta^{\mathrm{T}}(t-\tau)\boldsymbol{Q}\eta(t-\tau)+\tau\dot{\eta}^{\mathrm{T}}(t)\boldsymbol{R}\dot{\eta}(t)-\int_{t-\tau}^{t}\dot{\eta}^{\mathrm{T}}(s)\boldsymbol{R}\dot{\eta}(s)\mathrm{d}s\end{aligned} \tag{3.32}$$

由 Newton-Leibniz 公式以及引理 3.1，可得

$$\begin{aligned}&-2\eta^{\mathrm{T}}(t)\boldsymbol{P}(\boldsymbol{L}_{\sigma}+\boldsymbol{D}_{\sigma})\otimes\boldsymbol{B}\eta(t-\tau)\\=&-2\eta^{\mathrm{T}}(t)\boldsymbol{P}(\boldsymbol{L}_{\sigma}+\boldsymbol{D}_{\sigma})\otimes\boldsymbol{B}\eta(t)+\int_{t-\tau}^{t}2\eta^{\mathrm{T}}(t)\boldsymbol{P}(\boldsymbol{L}_{\sigma}+\boldsymbol{D}_{\sigma})\otimes\boldsymbol{B}\dot{\eta}(s)\mathrm{d}s\\\leqslant&-2\eta^{\mathrm{T}}(t)\boldsymbol{P}(\boldsymbol{L}_{\sigma}+\boldsymbol{D}_{\sigma})\otimes\boldsymbol{B}\eta(t)+\tau\eta^{\mathrm{T}}(t)\boldsymbol{P}[(\boldsymbol{L}_{\sigma}+\boldsymbol{D}_{\sigma})\otimes\boldsymbol{B}]\boldsymbol{R}^{-1}[(\boldsymbol{L}_{\sigma}+\boldsymbol{D}_{\sigma})\otimes\boldsymbol{B}]^{\mathrm{T}}\boldsymbol{P}\eta(t)+\\&\int_{t-\tau}^{t}\dot{\eta}^{\mathrm{T}}(s)\boldsymbol{R}\dot{\eta}(s)\mathrm{d}s,\end{aligned}$$

进而

$$\dot{\boldsymbol{V}}(t)\leqslant\begin{bmatrix}\eta(t)\\\eta(t-\tau)\end{bmatrix}^{\mathrm{T}}\begin{bmatrix}\bar{\boldsymbol{M}}_{11}&\bar{\boldsymbol{M}}_{12}\\ *&\bar{\boldsymbol{M}}_{22}\end{bmatrix}\begin{bmatrix}\eta(t)\\\eta(t-\tau)\end{bmatrix} \tag{3.33}$$

式中，

$$\begin{aligned}\bar{\boldsymbol{M}}_{11}=&\boldsymbol{P}[\boldsymbol{I}_{n}\otimes\boldsymbol{A}-(\boldsymbol{L}_{\sigma}+\boldsymbol{D}_{\sigma})\otimes\boldsymbol{B}]-[\boldsymbol{I}_{n}\otimes\boldsymbol{A}-(\boldsymbol{L}_{\sigma}+\boldsymbol{D}_{\sigma})\otimes\boldsymbol{B}]^{\mathrm{T}}\boldsymbol{P}+\boldsymbol{Q}+\\&\tau\boldsymbol{P}[(\boldsymbol{L}_{\sigma}+\boldsymbol{D}_{\sigma})\otimes\boldsymbol{B}]\boldsymbol{R}^{-1}[(\boldsymbol{L}_{\sigma}+\boldsymbol{D}_{\sigma})\otimes\boldsymbol{B}]^{\mathrm{T}}\boldsymbol{P},\\\bar{\boldsymbol{M}}_{12}=&-\tau(\boldsymbol{I}_{n}\otimes\boldsymbol{A})^{\mathrm{T}}\boldsymbol{R}[(\boldsymbol{L}_{\sigma}+\boldsymbol{D}_{\sigma})\otimes\boldsymbol{B}],\\\bar{\boldsymbol{M}}_{22}=&-\boldsymbol{Q}+[\tau(\boldsymbol{L}_{\sigma}+\boldsymbol{D}_{\sigma})\otimes\boldsymbol{B}]^{\mathrm{T}}\boldsymbol{R}[(\boldsymbol{L}_{\sigma}+\boldsymbol{D}_{\sigma})\otimes\boldsymbol{B}]\end{aligned}$$

$\dot{\boldsymbol{V}}(t)\leq 0$ 的充分条件是 $\left[\begin{smallmatrix}\bar{\boldsymbol{M}}_{11}&\bar{\boldsymbol{M}}_{12}\\ *&\bar{\boldsymbol{M}}_{22}\end{smallmatrix}\right]<0$，由引理 3.2 可知，它与矩阵 $\boldsymbol{M}$ 等价。也就是说，在定理 3.2 条件下，

$$\lim_{t\to+\infty}\eta(t)=\mathbf{0}$$

成立，即系统 (3.9) 渐近稳定，因此有

$$\lim_{t\to+\infty}[x_i(t)-x_0(t)]=0,\quad \lim_{t\to+\infty}[v_i(t)-v_0]=0$$

综上可知，有领航者二阶多智能体系统 (3.9) 的状态在定理 3.2 条件下能够达到一致。证明完毕。 □

**推论 3.2:**　考虑无时滞有向变拓扑网络结构下有领航者二阶多智能体系统 (3.9)。如果存在对称矩阵 $\boldsymbol{P}>0$，$\boldsymbol{P}\in\mathbb{R}^{2n\times 2n}$ 满足下式

$$\boldsymbol{P}[\boldsymbol{I}_n\otimes\boldsymbol{A}-(\boldsymbol{L}_\sigma+\boldsymbol{D}_\sigma)\otimes\boldsymbol{B}]+[\boldsymbol{I}_n\otimes\boldsymbol{A}-(\boldsymbol{L}_\sigma+\boldsymbol{D}_\sigma)\otimes\boldsymbol{B}]^{\mathrm{T}}\boldsymbol{P}<0, \tag{3.34}$$

则多智能体系统 (3.9) 的状态能够达到一致。

**定理 3.3:**　考虑具有不相同时滞 $\tau_1$ 和 $\tau_2$ 的有向变拓扑网络结构下有领航者二阶多智能体系统 (3.10)。如果存在正定矩阵 $\boldsymbol{P}$，$\boldsymbol{Q}_1$，$\boldsymbol{Q}_2$，$\boldsymbol{R}_1$，$\boldsymbol{R}_2$，且 $\boldsymbol{P}$，$\boldsymbol{Q}_1$，$\boldsymbol{Q}_2$，$\boldsymbol{R}_1$，$\boldsymbol{R}_2\in\mathbb{R}^{2n\times 2n}$ 满足下式

$$\boldsymbol{N}=\begin{bmatrix}\boldsymbol{N}_{11}&\boldsymbol{N}_{12}&\boldsymbol{N}_{13}&\boldsymbol{N}_{14}&\boldsymbol{N}_{15}&0\\ *&\boldsymbol{N}_{22}&0&0&0&\boldsymbol{N}_{26}\\ *&*&\boldsymbol{N}_{33}&0&0&0\\ *&*&*&\boldsymbol{N}_{44}&0&0\\ *&*&*&*&\boldsymbol{N}_{55}&0\\ *&*&*&*&*&0\end{bmatrix}<0, \tag{3.35}$$

则多智能体系统 (3.10) 的状态能够达到一致。其中，

$$\begin{aligned}\boldsymbol{N}_{11}=&\boldsymbol{P}[\boldsymbol{I}_n\otimes\boldsymbol{A}-(\boldsymbol{L}_\sigma+\boldsymbol{D}_\sigma)\otimes\boldsymbol{B}]-[\boldsymbol{I}_n\otimes\boldsymbol{A}-(\boldsymbol{L}_\sigma+\boldsymbol{D}_\sigma)\otimes\boldsymbol{B}]^{\mathrm{T}}\boldsymbol{P}+\boldsymbol{Q}_1+\boldsymbol{Q}_2+\\&\tau_1(\boldsymbol{I}_n\otimes\boldsymbol{A})^{\mathrm{T}}\boldsymbol{R}_1(\boldsymbol{I}_n\otimes\boldsymbol{A})+\tau_2(\boldsymbol{I}_n\otimes\boldsymbol{A})^{\mathrm{T}}\boldsymbol{R}_2(\boldsymbol{I}_n\otimes\boldsymbol{A}),\\ \boldsymbol{N}_{12}=&-\tau_1(\boldsymbol{I}_n\otimes\boldsymbol{A})^{\mathrm{T}}\boldsymbol{R}_1(\boldsymbol{L}_\sigma\otimes\boldsymbol{B})-\tau_2(\boldsymbol{I}_n\otimes\boldsymbol{A})^{\mathrm{T}}\boldsymbol{R}_2(\boldsymbol{L}_\sigma\otimes\boldsymbol{B}),\end{aligned}$$

$$N_{22}=-Q_1+\tau_1(L_\sigma\otimes B)^{\mathrm{T}}R_1(L_\sigma\otimes B)+\tau_2(L_\sigma\otimes B)^{\mathrm{T}}R_2(L_\sigma\otimes B),$$

$$N_{13}=-\tau_1(I_n\otimes A)^{\mathrm{T}}R_1(D_\sigma\otimes B)-\tau_2(I_n\otimes A)^{\mathrm{T}}R_2(D_\sigma\otimes B),$$

$$N_{33}=-Q_2+\tau_1(D_\sigma\otimes B)^{\mathrm{T}}R_1(D_\sigma\otimes B)+\tau_2(D_\sigma\otimes B)^{\mathrm{T}}R_2(D_\sigma\otimes B),$$

$$N_{14}=P(L_\sigma\otimes B),$$

$$N_{44}=-\frac{R_1}{\tau_1},$$

$$N_{15}=P(D_\sigma\otimes B),$$

$$N_{55}=-\frac{R_2}{\tau_2},$$

$$N_{26}=\tau_1(L_\sigma\otimes B)^{\mathrm{T}}R_1(D_\sigma\otimes B)+\tau_2(L_\sigma\otimes B)^{\mathrm{T}}R_2(D_\sigma\otimes B)$$

**证明：** 对系统 (3.10)，选取如下 Lyapunov 函数

$$\begin{aligned}V(t)=&\eta^{\mathrm{T}}(t)P\eta(t)+\int_{t-\tau_1}^{t}\eta^{\mathrm{T}}(s)Q_1\eta(s)\mathrm{d}s+\int_{t-\tau_2}^{t}\eta^{\mathrm{T}}(s)Q_2\eta(s)\mathrm{d}s+\\&\int_{-\tau_1}^{0}\int_{t+\theta}^{t}\dot\eta^{\mathrm{T}}(s)R_1\dot\eta(s)\mathrm{d}s\mathrm{d}\theta+\int_{-\tau_2}^{0}\int_{t+\theta}^{t}\dot\eta^{\mathrm{T}}(s)R_2\dot\eta(s)\mathrm{d}s\mathrm{d}\theta,\end{aligned}\tag{3.36}$$

对 $V(t)$ 求导，可得

$$\begin{aligned}\dot V(t)=&2\eta^{\mathrm{T}}(t)P\dot\eta(t)+\eta^{\mathrm{T}}(t)Q_1\eta(t)-\eta^{\mathrm{T}}(t-\tau_1)Q_1\eta(t-\tau_1)+\eta^{\mathrm{T}}(t)Q_2\eta(t)-\\&\eta^{\mathrm{T}}(t-\tau_2)Q_2\eta(t-\tau_2)+\tau_1\dot\eta^{\mathrm{T}}(t)R_1\dot\eta(t)-\int_{t-\tau_1}^{t}\dot\eta^{\mathrm{T}}(s)R_1\dot\eta(s)\mathrm{d}s+\tau_2\dot\eta^{\mathrm{T}}(t)R_2\dot\eta(t)-\\&\int_{t-\tau_2}^{t}\dot\eta^{\mathrm{T}}(s)R_2\dot\eta(s)\mathrm{d}s\end{aligned}\tag{3.37}$$

由 Newton-Leibniz 公式以及引理 3.1，可知

$$\begin{aligned}&-2\eta^{\mathrm{T}}(t)P(L_\sigma\otimes B)\eta(t-\tau_1)\\=&-2\eta^{\mathrm{T}}(t)P(L_\sigma\otimes B)\eta(t)+\int_{t-\tau_1}^{t}2\eta^{\mathrm{T}}(t)P(L_\sigma\otimes B)\dot\eta(s)\mathrm{d}s\\\leqslant&-2\eta^{\mathrm{T}}(t)P(L_\sigma\otimes B)\eta(t)+\tau_1\eta^{\mathrm{T}}(t)P(L_\sigma\otimes B)R_1^{-1}(L_\sigma\otimes B)^{\mathrm{T}}P\eta(t)+\int_{t-\tau_1}^{t}\dot\eta^{\mathrm{T}}(s)R_1\dot\eta(s)\mathrm{d}s,\end{aligned}$$

$$\begin{aligned}&-2\eta^{\mathrm{T}}(t)P(D_\sigma\otimes B)\eta(t-\tau_2)\\=&-2\eta^{\mathrm{T}}(t)P(D_\sigma\otimes B)\eta(t)+\int_{t-\tau_2}^{t}2\eta^{\mathrm{T}}(t)P(D_\sigma\otimes B)\dot\eta(s)\mathrm{d}s\\\leqslant&-2\eta^{\mathrm{T}}(t)P(L_\sigma\otimes B)\eta(t)+\tau_2\eta^{\mathrm{T}}(t)P(D_\sigma\otimes B)R_2^{-1}(D_\sigma\otimes B)^{\mathrm{T}}P\eta(t)+\int_{t-\tau_2}^{t}\dot\eta^{\mathrm{T}}(s)R_2\dot\eta(s)\mathrm{d}s,\end{aligned}$$

经过一系列计算，可得

$$\dot{\boldsymbol{V}}(t)=\begin{bmatrix}\eta(t)\\ \eta(t-\tau_1)\\ \eta(t-\tau_2)\end{bmatrix}^{\mathrm{T}}\begin{bmatrix}\bar{\boldsymbol{N}}_{11} & \bar{\boldsymbol{N}}_{12} & \bar{\boldsymbol{N}}_{13}\\ * & \bar{\boldsymbol{N}}_{22} & \bar{\boldsymbol{N}}_{23}\\ * & * & \bar{\boldsymbol{N}}_{33}\end{bmatrix}\begin{bmatrix}\eta(t)\\ \eta(t-\tau_1)\\ \eta(t-\tau_2)\end{bmatrix} \tag{3.38}$$

其中，

$$\begin{aligned}\bar{\boldsymbol{N}}_{11}=&\boldsymbol{P}[\boldsymbol{I}_n\otimes\boldsymbol{A}-(\boldsymbol{L}_\sigma+\boldsymbol{D}_\sigma)\otimes\boldsymbol{B}]-[\boldsymbol{I}_n\otimes\boldsymbol{A}-(\boldsymbol{L}_\sigma+\boldsymbol{D}_\sigma)\otimes\boldsymbol{B}]^{\mathrm{T}}\boldsymbol{P}+\boldsymbol{Q}_1+\boldsymbol{Q}_2+\\&\tau_1(\boldsymbol{I}_n\otimes\boldsymbol{A})^{\mathrm{T}}\boldsymbol{R}_1(\boldsymbol{I}_n\otimes\boldsymbol{A})+\tau_2(\boldsymbol{I}_n\otimes\boldsymbol{A})^{\mathrm{T}}\boldsymbol{R}_2(\boldsymbol{I}_n\otimes\boldsymbol{A})+\tau_1\boldsymbol{P}(\boldsymbol{L}_\sigma\otimes\boldsymbol{B})\boldsymbol{R}_1^{-1}(\boldsymbol{L}_\sigma\otimes\boldsymbol{B})^{\mathrm{T}}P+\\&\tau_2\boldsymbol{P}(\boldsymbol{D}_\sigma\otimes\boldsymbol{B})\boldsymbol{R}_2^{-1}(\boldsymbol{D}_\sigma\otimes\boldsymbol{B})^{\mathrm{T}}\boldsymbol{P},\end{aligned}$$

$$\bar{\boldsymbol{N}}_{12}=-\tau_1(\boldsymbol{I}_n\otimes\boldsymbol{A})^{\mathrm{T}}\boldsymbol{R}_1(\boldsymbol{L}_\sigma\otimes\boldsymbol{B})-\tau_2(\boldsymbol{I}_n\otimes\boldsymbol{A})^{\mathrm{T}}\boldsymbol{R}_2(\boldsymbol{L}_\sigma\otimes\boldsymbol{B}),$$

$$\bar{\boldsymbol{N}}_{22}=-\boldsymbol{Q}_1+\tau_1(\boldsymbol{L}_\sigma\otimes\boldsymbol{B})^{\mathrm{T}}\boldsymbol{R}_1(\boldsymbol{L}_\sigma\otimes\boldsymbol{B})+\tau_2(\boldsymbol{L}_\sigma\otimes\boldsymbol{B})^{\mathrm{T}}\boldsymbol{R}_2(\boldsymbol{L}_\sigma\otimes\boldsymbol{B}),$$

$$\bar{\boldsymbol{N}}_{13}=-\tau_1(\boldsymbol{I}_n\otimes\boldsymbol{A})^{\mathrm{T}}\boldsymbol{R}_1(\boldsymbol{D}_\sigma\otimes\boldsymbol{B})-\tau_2(\boldsymbol{I}_n\otimes\boldsymbol{A})^{\mathrm{T}}\boldsymbol{R}_2(\boldsymbol{D}_\sigma\otimes\boldsymbol{B}),$$

$$\bar{\boldsymbol{N}}_{23}=\tau_1(\boldsymbol{L}_\sigma\otimes\boldsymbol{B})^{\mathrm{T}}\boldsymbol{R}_1(\boldsymbol{D}_\sigma\otimes\boldsymbol{B})+\tau_2(\boldsymbol{L}_\sigma\otimes\boldsymbol{B})^{\mathrm{T}}\boldsymbol{R}_2(\boldsymbol{D}_\sigma\otimes\boldsymbol{B}),$$

$$\bar{\boldsymbol{N}}_{33}=-\boldsymbol{Q}_2+\tau_1(\boldsymbol{D}_\sigma\otimes\boldsymbol{B})^{\mathrm{T}}\boldsymbol{R}_1(\boldsymbol{D}_\sigma\otimes\boldsymbol{B})+\tau_2(\boldsymbol{D}_\sigma\otimes\boldsymbol{B})^{\mathrm{T}}\boldsymbol{R}_2(\boldsymbol{D}_\sigma\otimes\boldsymbol{B}).$$

由引理 3.2 可知，如果 $\boldsymbol{N}<0$，则有 $\dot{\boldsymbol{V}}(t)<0$。即多智能体系统 (3.10) 渐近稳定。因此，有领航者的二阶时滞多智能体系统 (3.10) 在定理 3.3 条件下能够达到一致。证明完毕。 □

## 3.5 仿真实例

这一节对前面所得结论进行了仿真。以具有四个智能体有领航者的二阶多智能体系统为例，图3-1表示了三个有向图，领航节点 0 为全局可达点。系统的状态初值为 $x_1=0.5$，$v_1=-0.2$，$x_2=1$，$v_2=1$，$x_3=-0.3$，$v_3=0$，$x_4=-0.7$，$v_4=0.3$，领航者的初始位置状态及期望的速度为 $x_0=0$，$v_0=0.2$。

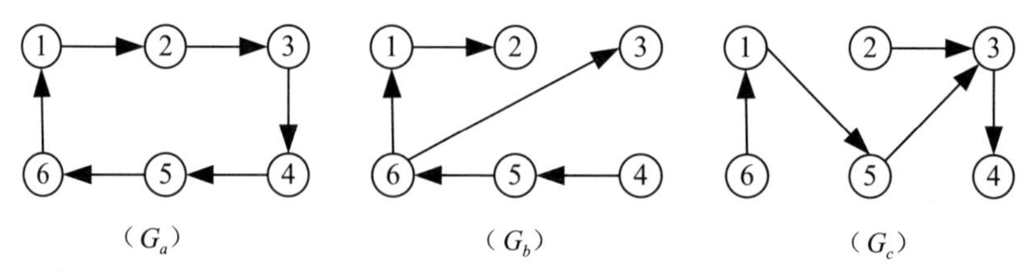


图 3-1　有向网络拓扑图

先对定拓扑网络时滞系统进行仿真，以图3-1 $G_a$ 为例。选取$k=2$，由定理 3.1 可求的最大容许时滞 $\tau^*=1.0325\,\mathrm{s}$ ，在仿真中我们取 $\tau=0.8\,\mathrm{s}$。定拓扑情况下的位置误差曲线和速度误差曲线分别如图3-3和图3-4所示，显然，跟随者位置和速度状态与领航者的位置和速度状态达到一致。仿真结果验证了定理3.1的有效性。

接着，变拓扑网络下系统进行数值仿真，三个不同状态切换图如图3-2所示。设变拓扑从状态$G_a$开始，每过0.01 s变化到下一状态。假设每条边对应的权值 $a_{ij}$ 为 1，选取 $k=1$，应用定理 3.2，可知线性矩阵不等式 (3.16) 有可行解，并解得最大时滞为 $\tau=0.427\,\mathrm{s}$。这里取 $\tau=0.3\,\mathrm{s}$，变拓扑网络的位置和速度误差曲线分别如图3-5和图3-6所示，所有智能体与领航者达到渐近一致。仿真结果与定理3.2的结论相同。

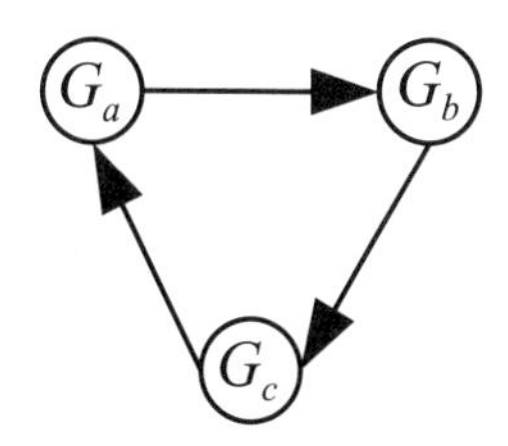


图 3-2　拓扑切换图

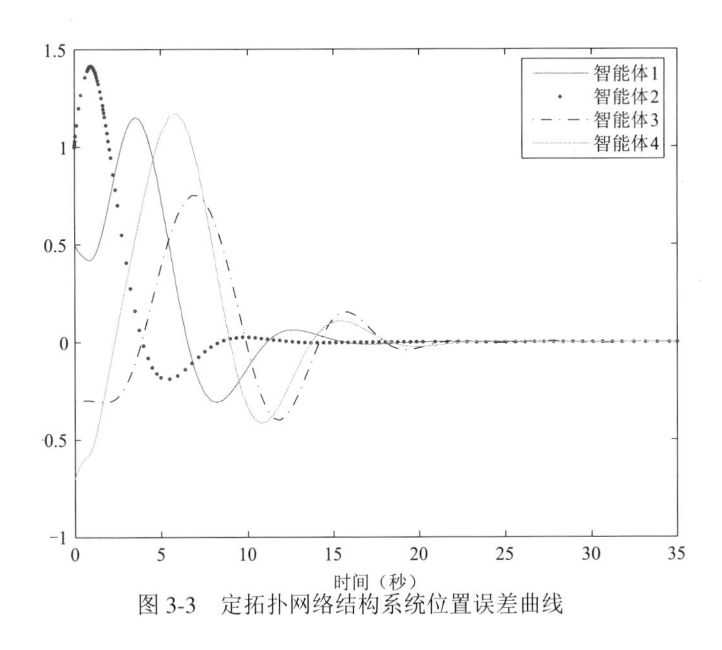


图 3-3　定拓扑网络结构系统位置误差曲线

最后，对具有不相同时滞的二阶有领航者多智能体系统进行仿真。依然取 $k=1$，由定理 3.3，经过计算可得最大不相等时滞分别为 $\tau_1=0.571\,\mathrm{s}$，$\tau_2=0.335\,\mathrm{s}$，该临界时滞情形下的位置和速度误差曲线分别如图3-7和图3-8 所示，从图上可以看出状态轨迹

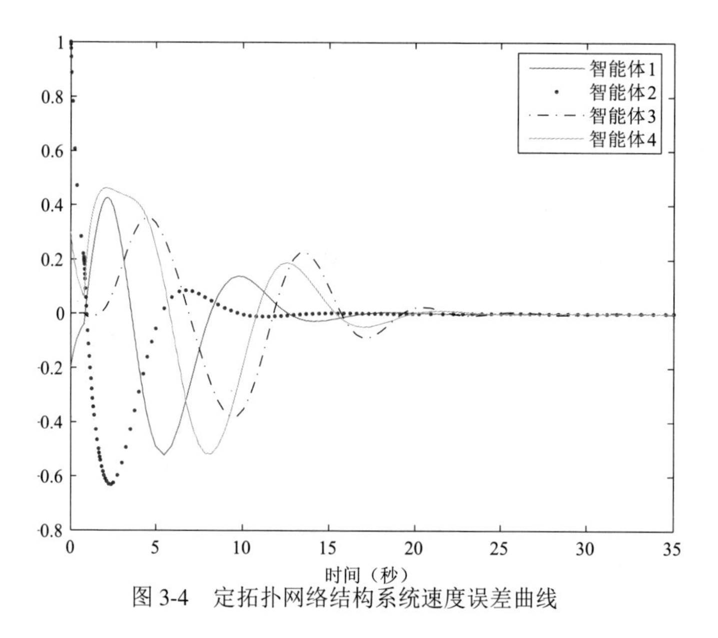


图 3-4　定拓扑网络结构系统速度误差曲线

开始振荡。接着，取 $\tau_1 = 0.5\,\mathrm{s}$，$\tau_2 = 0.3\,\mathrm{s}$。图3-9和图3-10 分别显示了具有以上时滞变拓扑网络的位置和速度误差曲线，所有智能体与领航者最终达到一致。仿真结果验证了定理3.3结论的正确性。

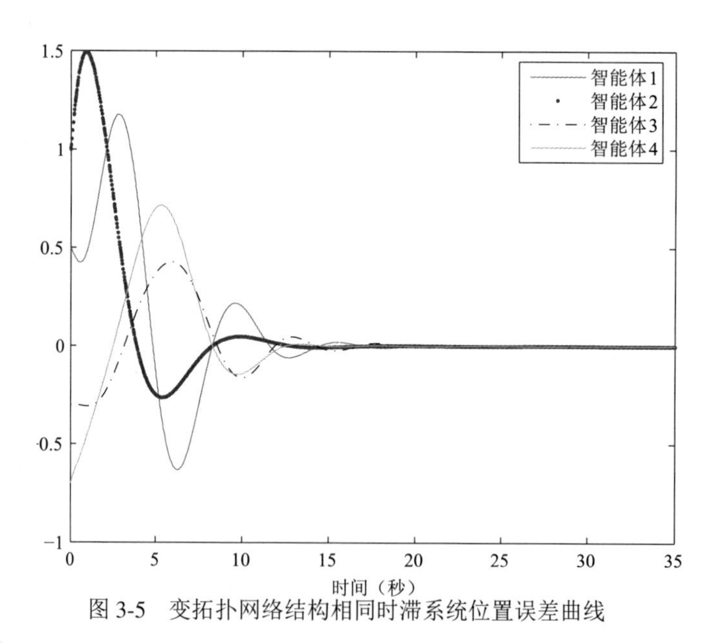


图 3-5　变拓扑网络结构相同时滞系统位置误差曲线

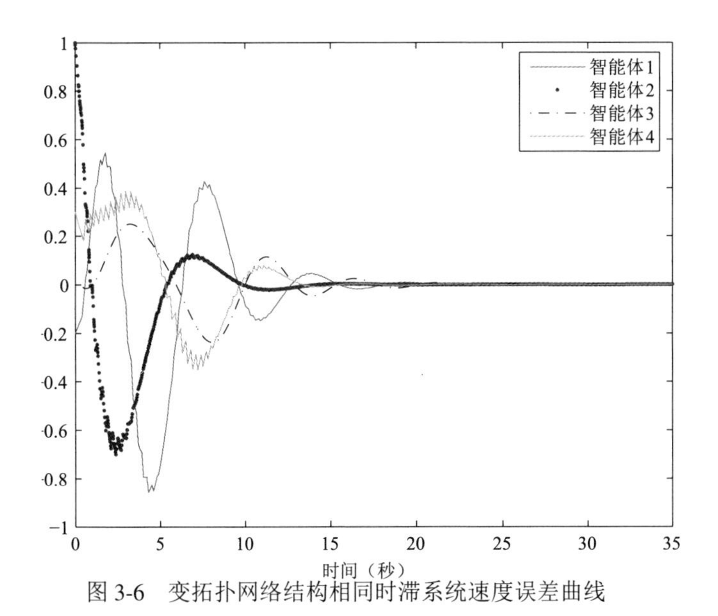


图 3-6　变拓扑网络结构相同时滞系统速度误差曲线

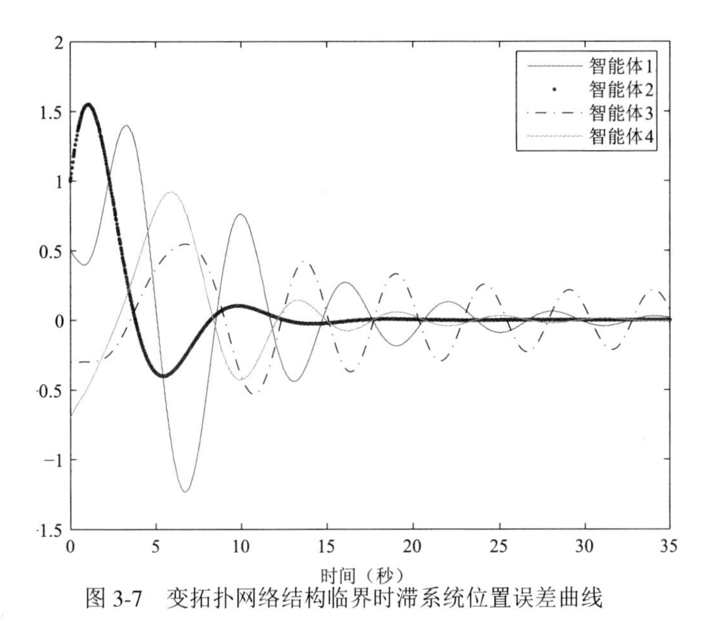


图 3-7　变拓扑网络结构临界时滞系统位置误差曲线

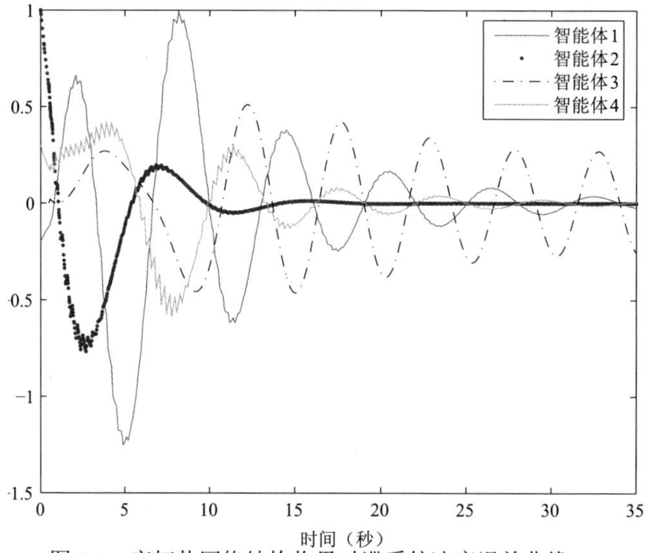


图 3-8 变拓扑网络结构临界时滞系统速度误差曲线

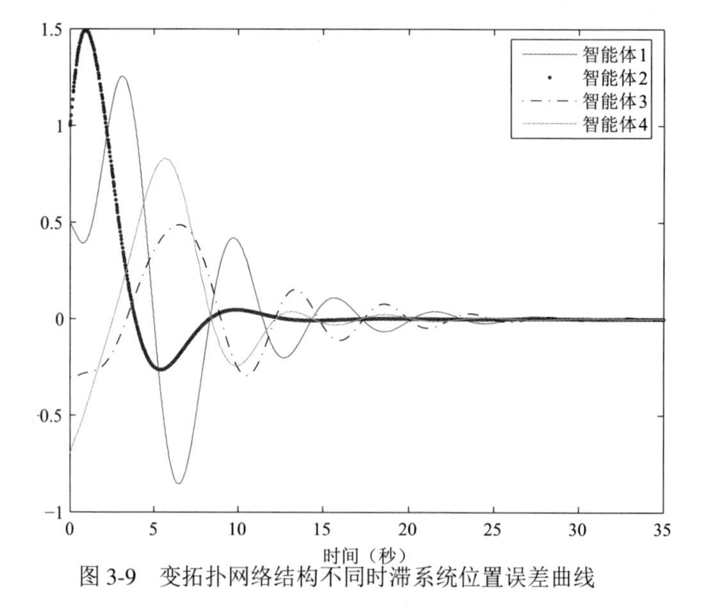


图 3-9 变拓扑网络结构不同时滞系统位置误差曲线

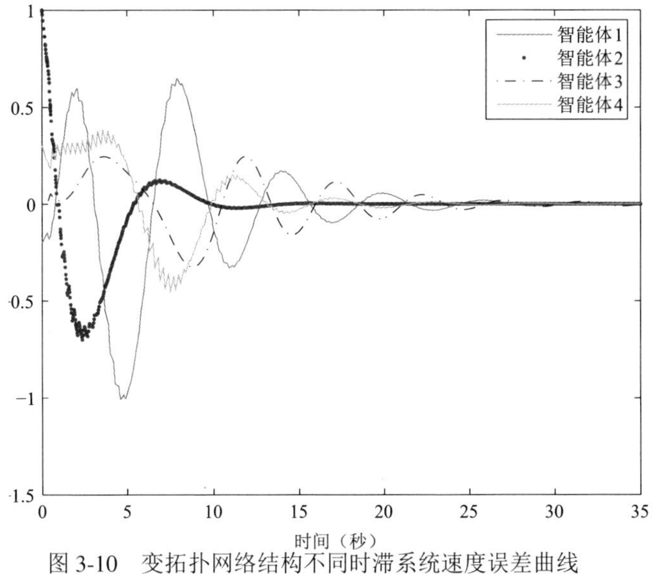


图 3-10 变拓扑网络结构不同时滞系统速度误差曲线

## 3.6 本章小结

本章针对定拓扑和变拓扑网络结构下有领航者的二阶多智能体系统，分别采用频域分析方法和时域 LMI 方法研究了系统的一致性控制问题。在定拓扑情形下，得到系统实现一致的充分必要条件，并给出时滞最大值的计算公式；在变拓扑情形下，分别考虑了智能体之间的通信时滞和智能体与领航者之间的时滞相等或不等情形，得到一致性充分条件，并通过求解LMI得到不同情形下时滞最大值。最后，仿真结果验证了所得理论结果的有效性。

# 第 4 章　高阶多智能体系统的鲁棒$L_2-L_\infty$一致性控制

本章研究了外部干扰下具有通信不确定性的高阶多智能体系统一致性问题，分别考虑了具有时滞的定拓扑网络和变拓扑网络两种情况，采用反馈控制和基于邻居的交互作用提出线性控制协议，得到使系统具有期望抑制干扰能力的一致性条件。针对实际工程应用中被控输出的峰值经常要求在一定范围内的情况，引入加权矩阵对其进行控制，使其满足预定 $L_2-L_\infty$ 性能指标。最后，仿真实例验证了所得理论结果的正确性。

## 4.1　引言

上一章研究了有领航者的二阶多智能体系统鲁棒一致性问题，并提出了相应的分布式控制协议，确保跟随者与领航者的状态达到一致。但是，在文献[48]中提到，当鸟群以一定的队形飞行时，其中的个体可能因感知到危险或食物而突然转变飞行方向，在这种情况下，显然动态模型中仅建立位置和速度的一致性是不够的，还需要加速度。因此，高阶多智能体系统一致性问题的研究具有十分重要的意义，是其他各低阶多智能体系统的概括，具体参见文献 [48]和文献[49]。

在实际应用中，多智能体网络常常受到由信息阻塞、传输速度受限等因素所产生的通信时滞的影响，近几年，已有大量研究该问题的文章，这里仅举几例[50]-[51]。其中，Liu等[51] 研究了离散时间异源多智能体系统的一致性问题，分别针对该异源系统中包含的一阶多智能体和二阶多智能体构造静态一致算法，进而得到定拓扑和变拓扑情形下具有有界通信时滞系统的一致性条件。

与此同时，系统还经常受到由执行器偏差、测量或计算误差以及通信链路变化等产生的外部干扰，以及模型不确定、参数不确定、通信不确定等不确定性因素的影响，这样的情况通常会使闭环系统的收敛性能降低，甚至使其发散或震荡。一些研究人员对于具有不确定性的多智能体系统一致性问题也做了许多相关工作，处理方法包括上一章提到的Lin[76]、Liu[77]、Li[99]等文章中涉及到的 $H_\infty$ 控制方法，还包括神经网络控制[151–153]、自适应控制[155]等。针对被控输出峰值有限制条件的情况，本章采用了 $L_2-L_\infty$ 控制来处理多智能体系统的一致性问题。

本章研究了具有时滞和通信不确定性的高阶多智能体系统的一致性控制问题。具体地，先定义一个被控输出来衡量每个智能体的状态与所有智能体的平均状态之间的不一致，由此将一致性问题转化成标准的$L_2-L_\infty$控制问题。进而利用反馈控制和基于邻居的交互作用提出线性控制协议，得到一个具有奇异Laplacian矩阵的闭环系统，通过模型变换，将其变为等价的降阶可稳定系统，从而可直接应用传统$L_2-L_\infty$控制方法进行研究。在此基础上，为将被控输出的峰值限制到规定范围内，引入加权矩阵对其进行控制，使系统在定拓扑和变拓扑两种通信网络下分别得到具有期望抗干扰性能的一致性条件。

本章的其余部分如下安排。第4.2节对所研究的问题进行描述，并将其转化为$L_2-L_\infty$控制问题。第4.3节根据系统要求提出控制协议，并分别得到有向定拓扑和有向变拓扑网络情形下的系统动态特性。第4.4节得到时滞系统达到具有期望$L_2-L_\infty$性能的一致性条件。第4.5节进行仿真实验，验证了所得结论的正确性。最后，第4.6节对本章内容进行了小结。

## 4.2 问题描述及转化

本章研究有向通信网络结构下多智能体系统的一致性控制问题，考虑一个具有$n$个独立智能体的高阶多智能体系统，每个智能体都可以看作有向图$\mathscr{G}$的一个节点，则第$i$个（$i \in \mathscr{I}$）智能体的动态可由下面的$l$阶（$l \geqslant 2$）动态方程表示：

$$\begin{aligned}
\dot{\xi}_i^{(0)}(t) &= \xi_i^{(1)}(t), \\
&\vdots \\
\dot{\xi}_i^{(l-2)}(t) &= \xi_i^{(l-1)}(t), \\
\dot{\xi}_i^{(l-1)}(t) &= u_i(t) + \omega_i(t), \quad i = 1,2,\cdots,n
\end{aligned} \tag{4.1}$$

式中，$\xi_i^{(k)}(t) \in \mathbb{R}^m$ $(k=0,\cdots,l-1)$ 表示第$i$个智能体的状态，表示$\xi_i^{(0)}(t)$的$k$阶导数，$u_i(t) \in \mathbb{R}^m$是智能体$i$的控制输入或称作控制协议，$\omega_i(t) \in \mathbb{R}^m$是外部干扰输入，属于$\mathbb{L}_2[0,\infty)$空间，表示能量有限的干扰信号。

实际中，由于被控对象通常受到外部干扰和不确定环境等因素的影响，精确一致性很难得到，因此要设计一个控制协议来减小其对系统带来的不利影响，这样，自然想到$H_\infty$或$L_2-L_\infty$控制方法，当对被控输出峰值有限制要求时，$L_2-L_\infty$控制更加适合。下面的内容主要介绍如何将一致性问题转化成标准的 $L_2-L_\infty$ 控制问题。

首先，定义被控输出函数为

$$z_i^{(k)}(t)=c_i[\xi_i^{(k)}(t)-\frac{1}{n}\sum_{j=1}^{n}\xi_j^{(k)}(t)],\ k=0,1,\cdots,l-1 \tag{4.2}$$

表示智能体 $i$ 的状态与平均状态的偏离量。其中，$c_i$ 表示加权系数，通过对它的调节可以将被控输出 $z_i(t)$ 的幅值限制在一定范围内。

记

$$\begin{aligned}
\xi_i(t)&=[\xi_i^{(0)\mathrm{T}}(t),\xi_i^{(1)\mathrm{T}}(t),\cdots,\xi_i^{(l-1)\mathrm{T}}(t)]^{\mathrm{T}}\in\mathbb{R}^{ml},\\
\xi(t)&=[\xi_1^{\mathrm{T}}(t),\xi_2^{\mathrm{T}}(t),\cdots,\xi_n^{\mathrm{T}}(t)]^{\mathrm{T}}\in\mathbb{R}^{mnl},\\
z_i(t)&=[z_i^{(0)}(t),z_i^{(1)}(t),\cdots,z_i^{(l-1)}(t)]^{\mathrm{T}}\in\mathbb{R}^{ml},\\
z(t)&=[z_1^{\mathrm{T}}(t),z_2^{\mathrm{T}}(t),\cdots,z_n^{\mathrm{T}}(t)]^{\mathrm{T}}\in\mathbb{R}^{mnl},
\end{aligned}$$

则(4.2)可写为如下矩阵形式

$$z(t)=(\boldsymbol{C}\boldsymbol{L}_c\otimes\boldsymbol{I}_{ml})\xi(t), \tag{4.3}$$

其中，$\boldsymbol{C}=\mathrm{diag}\{c_1,c_2,\cdots,c_n\}$是一个正定的加权矩阵，$\boldsymbol{L}_c$ 如第2章引理2.2所示。

显然，高阶多智能体系统(4.1)的状态能够达到一致当且仅当 $\lim\limits_{t\to+\infty}z(t)=0$，即对于所有 $i,j\in\mathscr{I}$，有

$$\lim_{t\to+\infty}[\xi_i^{(k)}(t)-\xi_j^{(k)}(t)]=0,\ k=0,1,\cdots,l-1 \tag{4.4}$$

基于以上定义和分析，控制协议 $u_i(t)$ 应该同时满足以下条件：在没有干扰的情况下，高阶多智能体系统状态能够达到一致，即系统渐近稳定；在零初始条件下，对预先给定的抗干扰性能指标 $\gamma>0$，系统从干扰 $\omega(t)$ 到被控输出 $z(t)$ 的闭环传递函数$\boldsymbol{T}_{z\omega}(s)$满足$\|\boldsymbol{T}_{z\omega}(s)\|_{L_2-L_\infty}<\gamma$。其中，$\|\boldsymbol{T}_{z\omega}(s)\|_{L_2-L_\infty}$ 的定义见第2章式 (2.7) 。

至此，外部干扰下的具有时滞和通信不确定性的高阶多智能体系统一致性问题就转化成满足规定性能指标 $\gamma$ 的 $L_2-L_\infty$ 控制问题。特别地，当 $\gamma=1$ 时，为标准 $L_2-L_\infty$ 控制问题。

**注释 4.1:** 在许多实际的工业现场，考虑到系统稳定的同时，往往对被控输出有一定的要求。本章通过对系统状态设定一个加权矩阵，来调节被控输出的峰值，将其控制到规定范围内。其中，系统的状态是由不同的被控输出的定义而决定的。

## 4.3 协议设计

为解决高阶多智能体系统(4.1)的状态一致性问题，本节提出一个线性控制协议，其中包含一个自身的反馈控制器和基于邻居交互作用具有时滞和通信不确定性的反馈控制器，所提协议如下

$$u_i(t) = -\sum_{k=1}^{l-1} \kappa_k \xi_i^{(k)}(t) + \sum_{j\in\mathcal{N}_i} [a_{ij} + \Delta a_{ij}(t)]\kappa_0[(\xi_j^{(0)}(t-\tau) - \xi_i^{(0)}(t-\tau))], \tag{4.5}$$

其中，$\kappa_k > 0,\ k = 0, 1, \cdots, l-1$ 表示一致性增益，$\tau > 0$ 为两个智能体之间的通信时滞。$a_{ij}$ 为有向图边的权值，$\Delta a_{ij}(t)$ 表示 $a_{ij}$ 的不确定项，它满足如下条件：当 $a_{ij} \neq 0\ (i \neq j)$ 时，$|\Delta a_{ij}(t)| \leq \psi_{ij}$；其他情况下，$|\Delta a_{ij}(t)| = 0$，其中，对于任意 $i, j \in \mathscr{I}$，$\psi_{ij}$ 是一个常数。

记

$$\boldsymbol{A} = \begin{bmatrix} \boldsymbol{0}\ \boldsymbol{I}_{l-1} \\ 0\ \ \Xi^{\mathrm{T}} \end{bmatrix}_{l\times l}, \quad \Xi = [-\kappa_1\ \ -\kappa_2 \cdots -\kappa_{l-1}]^{\mathrm{T}},$$

$$\boldsymbol{B}_1 = \begin{bmatrix} \boldsymbol{0}\ \ \boldsymbol{0}_{l-1} \\ \kappa_0\ \ \ \boldsymbol{0} \end{bmatrix}_{l\times l},$$

$$\boldsymbol{B}_2 = \begin{bmatrix} \boldsymbol{0} \\ 1 \end{bmatrix}_{l\times 1}$$

利用控制协议(4.5)，可得有向定拓扑结构下的多智能体系统动态为

$$\begin{aligned} \dot{\xi}(t) &= \boldsymbol{I}_n \otimes (\boldsymbol{A} \otimes \boldsymbol{I}_m)\xi(t) - [(\boldsymbol{L} + \Delta\boldsymbol{L}(t)) \otimes (\boldsymbol{B}_1 \otimes \boldsymbol{I}_m)]\xi(t-\tau) + \boldsymbol{I}_n \otimes (\boldsymbol{B}_2 \otimes \boldsymbol{I}_m)\omega(t), \\ z(t) &= (\boldsymbol{C}\boldsymbol{L}_c \otimes \boldsymbol{I}_{ml})\xi(t) \end{aligned} \tag{4.6}$$

记$\bar{\boldsymbol{A}} = \boldsymbol{A} \otimes \boldsymbol{I}_m$，$\bar{\boldsymbol{B}}_1 = \boldsymbol{B}_1 \otimes \boldsymbol{I}_m$，$\bar{\boldsymbol{B}}_2 = \boldsymbol{B}_2 \otimes \boldsymbol{I}_m$。系统 (4.6) 可重写为

$$\begin{aligned} \dot{\xi}(t) &= (\boldsymbol{I}_n \otimes \bar{\boldsymbol{A}})\xi(t) - [(\boldsymbol{L} + \Delta\boldsymbol{L}(t)) \otimes \bar{\boldsymbol{B}}_1]\xi(t-\tau) + (\boldsymbol{I}_n \otimes \bar{\boldsymbol{B}}_2)\omega(t), \\ z(t) &= (\boldsymbol{C}\boldsymbol{L}_c \otimes \boldsymbol{I}_{ml})\xi(t) \end{aligned} \tag{4.7}$$

式中，$\omega(t) = [\omega_1^{\mathrm{T}}(t)\ \omega_2^{\mathrm{T}}(t) \cdots \omega_n^{\mathrm{T}}(t)]^{\mathrm{T}} \in \mathbb{R}^{mn}$ 表示外部干扰信号。边的权值 $a_{ij}$ 以及不确定项 $\Delta a_{ij}(t)\ (i, j \in \mathscr{I})$ 分别用相应的Laplacian矩阵 $\boldsymbol{L}$ 和 $\Delta\boldsymbol{L}(t)$ 表示，其中，$\Delta\boldsymbol{L}(t) = \boldsymbol{E}_1\Sigma(t)\boldsymbol{E}_2$，$\boldsymbol{E}_1 \in \mathbb{R}^{n\times|\varepsilon|}$，$\boldsymbol{E}_2 \in \mathbb{R}^{|\varepsilon|\times n}$ 是已知的常数矩阵，$\Sigma(t) \in \mathbb{R}^{|\varepsilon|\times|\varepsilon|}$ 反映了权值的不确定性，并满足条件 $\Sigma(t)^{\mathrm{T}}\Sigma(t) \leqslant I$，参见文献 [76]。

进一步，假设状态 $\xi(t)$ 的初始值为 $\phi(t)$，是区间 $[-\tau,0]$ 上的连续函数，即

$$\xi(t)=\phi(t),\quad \forall t\in[-\tau,0]$$

同样可得，有向变拓扑结构下的高阶多智能体系统动态为

$$\begin{aligned}&\dot{\xi}(t)=(\boldsymbol{I}_n\otimes\bar{\boldsymbol{A}})\xi(t)-[(\boldsymbol{L}_{\sigma(t)}+\Delta\boldsymbol{L}_{\sigma(t)}(t))\otimes\bar{\boldsymbol{B}}_1]\xi(t-\tau)+(\boldsymbol{I}_n\otimes\bar{\boldsymbol{B}}_2)\omega(t)\\&z(t)=(\boldsymbol{C}\boldsymbol{L}_c\otimes\boldsymbol{I}_{ml})\xi(t),\end{aligned}\tag{4.8}$$

式中，$\boldsymbol{L}_{\sigma(t)}=\sum\limits_s\boldsymbol{L}_{\sigma(t)s}$，$\Delta\boldsymbol{L}_{\sigma(t)}(t)=\sum\limits_s\Delta\boldsymbol{L}_{\sigma(t)s}(t)$，其中，$\boldsymbol{L}_{\sigma(t)s}=\boldsymbol{L}_{\sigma(t)}(\mathscr{G}_{\sigma(t)s})$，$\Delta\boldsymbol{L}_{\sigma(t)s}(t)=\Delta\boldsymbol{L}_{\sigma(t)}(t)(\mathscr{G}_{\sigma(t)s})$ 分别是变拓扑图 $\mathscr{G}_{\sigma(t)s}$ 的Laplacian矩阵和不确定的Laplacian矩阵。

## 4.4 高阶时滞多智能体系统的一致性控制

本小节将要对具有时滞和通信不确定性的高阶多智能体系统一致性控制进行研究，针对定拓扑网络和变拓扑网络分别得到系统状态达到一致的条件。

### 4.4.1 模型变换

由于Laplacian矩阵 $\boldsymbol{L}$、$\Delta\boldsymbol{L}(t)$、$\boldsymbol{L}_{\sigma(t)}$、$\Delta\boldsymbol{L}_{\sigma(t)}(t)$ 的奇异性可能导致闭环系统(4.7)和系统(4.8)不稳定，为解决此问题，需要对系统进行模型变换。

设

$$\bar{\xi}_i(t)=\xi_i(t)-\frac{1}{n}\sum_{j=1}^{n}\xi_j(t),\quad i=1,2,\cdots,n,$$

写成矩阵形式为

$$\bar{\xi}(t)=\xi(t)-\frac{\boldsymbol{1}}{n}\otimes[\sum_{j=1}^{n}\xi_j(t)]=(\boldsymbol{L}_c\otimes\boldsymbol{I}_{ml})\xi(t),\tag{4.9}$$

式中，$\bar{\xi}(t)=[\bar{\xi}_1^{\mathrm{T}}(t),\bar{\xi}_2^{\mathrm{T}}(t),\cdots,\bar{\xi}_n^{\mathrm{T}}(t)]^{\mathrm{T}}\in\mathbb{R}^{mnl}$。

结合 $\boldsymbol{L}_c\boldsymbol{1}=0$ 和 $\boldsymbol{L}\boldsymbol{1}=0$，由式(4.8)和式(4.10)可得

$$\begin{aligned}\dot{\bar{\xi}}(t)&=(\boldsymbol{L}_c\otimes\boldsymbol{I}_{ml})\dot{\xi}(t)\\&=(\boldsymbol{L}_c\otimes\bar{\boldsymbol{A}})\xi(t)-[\boldsymbol{L}_c(\boldsymbol{L}+\Delta\boldsymbol{L}(t))]\otimes\bar{\boldsymbol{B}}_1\xi(t-\tau)+(\boldsymbol{L}_c\otimes\bar{\boldsymbol{B}}_2)\omega(t)\\&=(\boldsymbol{L}_c\otimes\bar{\boldsymbol{A}})\bar{\xi}(t)-[\boldsymbol{L}_c(L+\Delta\boldsymbol{L}(t))]\otimes\bar{\boldsymbol{B}}_1\bar{\xi}(t-\tau)+(\boldsymbol{L}_c\otimes\bar{\boldsymbol{B}}_2)\omega(t),\\z(t)&=(\boldsymbol{C}\boldsymbol{L}_c\otimes\boldsymbol{I}_{ml})\bar{\xi}(t)\end{aligned}\tag{4.10}$$

由引理 2.2 可知，可以通过分块正交矩阵 $U=[\boldsymbol{U}_1\ \boldsymbol{U}_2]$，其中 $\boldsymbol{U}_2=\frac{\boldsymbol{1}}{\sqrt{n}}$，对系统的状态变量进行如下正交变换

$$\begin{bmatrix}\delta_1(t)\\ \delta_2(t)\end{bmatrix}=(\boldsymbol{U}^{\mathrm{T}}\otimes\boldsymbol{I}_l)\bar{\xi}(t)=\begin{bmatrix}(\boldsymbol{U}_1^{\mathrm{T}}\otimes\boldsymbol{I}_l)\bar{\xi}(t)\\ (\boldsymbol{U}_2^{\mathrm{T}}\otimes\boldsymbol{I}_l)\bar{\xi}(t)\end{bmatrix},$$

$$\begin{bmatrix}\delta_1(t-\tau(t))\\ \delta_2(t-\tau(t))\end{bmatrix}=(\boldsymbol{U}^{\mathrm{T}}\otimes\boldsymbol{I}_l)\bar{\xi}(t-\tau(t))=\begin{bmatrix}(\boldsymbol{U}_1^{\mathrm{T}}\otimes\boldsymbol{I}_l)\bar{\xi}(t-\tau(t))\\ (\boldsymbol{U}_2^{\mathrm{T}}\otimes\boldsymbol{I}_l)\bar{\xi}(t-\tau(t))\end{bmatrix},$$

$$\begin{bmatrix}\tilde{z}_1(t)\\ \tilde{z}_2(t)\end{bmatrix}=(\boldsymbol{U}^{\mathrm{T}}\otimes\boldsymbol{I}_l)z(t)=\begin{bmatrix}(\boldsymbol{U}_1^{\mathrm{T}}\otimes\boldsymbol{I}_l)z(t)\\ (\boldsymbol{U}_2^{\mathrm{T}}\otimes\boldsymbol{I}_l)z(t)\end{bmatrix},$$

另外，

$$\begin{bmatrix}\tilde{\omega}_1(t)\\ \tilde{\omega}_2(t)\end{bmatrix}=(\boldsymbol{U}^{\mathrm{T}}\otimes\boldsymbol{I}_m)\omega(t)=\begin{bmatrix}(\boldsymbol{U}_1^{\mathrm{T}}\otimes\boldsymbol{I}_m)\omega(t)\\ (\boldsymbol{U}_2^{\mathrm{T}}\otimes\boldsymbol{I}_m)\omega(t)\end{bmatrix}$$

同时可得

$$\boldsymbol{U}^{\mathrm{T}}\boldsymbol{L}_c\boldsymbol{U}=\begin{bmatrix}\boldsymbol{I}_{n-1} & 0\\ * & 0\end{bmatrix},\quad \boldsymbol{U}^{\mathrm{T}}\boldsymbol{L}\boldsymbol{U}=\begin{bmatrix}\bar{\boldsymbol{L}} & 0\\ \boldsymbol{U}_2^{\mathrm{T}}\boldsymbol{L}\boldsymbol{U}_1 & 0\end{bmatrix},\quad \boldsymbol{U}^{\mathrm{T}}\Delta\boldsymbol{L}(t)\boldsymbol{U}=\begin{bmatrix}\overline{\Delta\boldsymbol{L}}(t) & 0\\ \boldsymbol{U}_2^{\mathrm{T}}\Delta\boldsymbol{L}(t)\boldsymbol{U}_1 & 0\end{bmatrix},$$

其中，$\bar{\boldsymbol{L}}=\boldsymbol{U}_1^{\mathrm{T}}\boldsymbol{L}\boldsymbol{U}_1$，$\overline{\Delta\boldsymbol{L}}(t)=\boldsymbol{U}_1^{\mathrm{T}}\Delta\boldsymbol{L}(t)\boldsymbol{U}_1$.

由此可得

$$\begin{aligned}\begin{bmatrix}\dot{\delta}_1(t)\\ \dot{\delta}_2(t)\end{bmatrix}&=\begin{bmatrix}\boldsymbol{I}_{n-1}\otimes\bar{\boldsymbol{A}} & 0\\ 0 & 0\end{bmatrix}\begin{bmatrix}\delta_1(t)\\ \delta_2(t)\end{bmatrix}-\begin{bmatrix}(\bar{\boldsymbol{L}}+\overline{\Delta\boldsymbol{L}}(t))\otimes\bar{\boldsymbol{B}}_1 & 0\\ 0 & 0\end{bmatrix}\begin{bmatrix}\delta_1(t-\tau)\\ \delta_2(t-\tau)\end{bmatrix}+\\ &\quad\begin{bmatrix}\boldsymbol{I}_{n-1}\otimes\bar{\boldsymbol{B}}_2 & 0\\ 0 & 0\end{bmatrix}\begin{bmatrix}\tilde{\omega}_1(t)\\ \tilde{\omega}_2(t)\end{bmatrix},\\ \begin{bmatrix}\tilde{z}_1(t)\\ \tilde{z}_2(t)\end{bmatrix}&=\begin{bmatrix}(\boldsymbol{U}_1^{\mathrm{T}}\boldsymbol{C}\boldsymbol{U}_1)\otimes\boldsymbol{I}_{ml} & 0\\ 0 & 0\end{bmatrix}\begin{bmatrix}\delta_1(t)\\ \delta_2(t)\end{bmatrix}\end{aligned}\tag{4.11}$$

注意到$\delta_2(t)$是与系统的外部干扰和被控输出无关的状态变量，因此，系统 (4.7) 可以降阶为如下系统：

$$\begin{aligned}\dot{\delta}_1(t)&=(\boldsymbol{I}_{n-1}\otimes\bar{\boldsymbol{A}})\delta_1(t)-[\bar{\boldsymbol{L}}+\overline{\Delta\boldsymbol{L}}(t)]\otimes\bar{\boldsymbol{B}}_1\delta_1(t-\tau)+(\boldsymbol{I}_{n-1}\otimes\bar{\boldsymbol{B}}_2)\tilde{\omega}_1(t),\\ \tilde{z}_1(t)&=(\boldsymbol{U}_1^{\mathrm{T}}\boldsymbol{C}\boldsymbol{U}_1)\otimes\boldsymbol{I}_{ml}\delta_1(t)\end{aligned}\tag{4.12}$$

同时由$L_2-L_\infty$性能指标定义式 (2.7)，可知$\|\boldsymbol{T}_{z\omega}(s)\|_{L_2-L_\infty}=\|\boldsymbol{T}_{\tilde{z}_1\tilde{\omega}_1}(s)\|_{L_2-L_\infty}$。因此，可用降阶系统(4.12)代替原始系统(4.7)来研究闭环系统对外部干扰信号的抑制能力。

使用同样的方法可以得到变拓扑情形下的等价降阶系统动态特性为

$$\begin{aligned}&\dot{\delta}_1(t)=(\boldsymbol{I}_{n-1}\otimes\bar{\boldsymbol{A}})\delta_1(t)-[\bar{\boldsymbol{L}}_{\sigma(t)}+\overline{\Delta\boldsymbol{L}}_{\sigma(t)}(t)]\otimes\bar{\boldsymbol{B}}_1\delta_1(t-\tau)+(\boldsymbol{I}_{n-1}\otimes\bar{\boldsymbol{B}}_2)\tilde{\omega}_1(t),\\&\tilde{z}_1(t)=(\boldsymbol{U}_1^{\mathrm{T}}\boldsymbol{C}\boldsymbol{U}_1)\otimes\boldsymbol{I}_{ml}\delta_1(t)\end{aligned}\tag{4.13}$$

### 4.4.2　有向定拓扑网络

**定理** 4.1：考虑有向定拓扑条件下的时滞多智能体系统 (4.1)，假设定拓扑图包含生成树。对给定性能指标 $\gamma>0$，如果存在正定矩阵 $\boldsymbol{P}>0, \boldsymbol{Q}>0, \boldsymbol{R}>0$，且 $\boldsymbol{P}, \boldsymbol{Q}, \boldsymbol{R}\in\mathbb{R}^{(n-1)ml\times(n-1)ml}$，以及正数 $\varepsilon_1$、$\varepsilon_2$、$\varepsilon_3$、$\varepsilon_4$、$\varepsilon_5$、$\varepsilon_6$ 满足

$$\begin{aligned}&\boldsymbol{X}=\begin{bmatrix}\boldsymbol{X}_{11} & \boldsymbol{X}_{12}\\ * & \boldsymbol{X}_{22}\end{bmatrix}<0,\\&\begin{bmatrix}-\boldsymbol{P} & [(\boldsymbol{U}_1^{\mathrm{T}}\boldsymbol{C}\boldsymbol{U}_1)\otimes\boldsymbol{I}_{ml}]^{\mathrm{T}}\\ * & -\gamma\boldsymbol{I}_{(n-1)ml}\end{bmatrix}<0,\end{aligned}\tag{4.14}$$

则高阶多智能体系统 (4.1) 能达到具有期望 $L_2-L_\infty$ 性能的鲁棒一致性。式中，$\boldsymbol{X}_{11}$，$\boldsymbol{X}_{12}$，$\boldsymbol{X}_{22}$ 分别为

$$\boldsymbol{X}_{11}=\begin{bmatrix}\boldsymbol{P}_1 & 0 & \boldsymbol{P}\hat{\boldsymbol{B}}_2+\tau(\boldsymbol{I}_{n-1}\otimes\bar{\boldsymbol{A}})^{\mathrm{T}}\boldsymbol{R}\hat{\boldsymbol{B}}_2\\ * & \boldsymbol{Q}_1 & -\tau(\bar{\boldsymbol{L}}\otimes\bar{\boldsymbol{B}}_1)^{\mathrm{T}}\boldsymbol{R}\hat{\boldsymbol{B}}_2\\ * & * & -\gamma\boldsymbol{I}+\tau\hat{\boldsymbol{B}}_2^{\mathrm{T}}\boldsymbol{R}\hat{\boldsymbol{B}}_2\end{bmatrix},$$

$$\boldsymbol{X}_{12}=\begin{bmatrix}\boldsymbol{P}(\bar{\boldsymbol{L}}\otimes\bar{\boldsymbol{B}}_1) & \boldsymbol{P}[(\boldsymbol{U}_1^{\mathrm{T}}\boldsymbol{E}_1)\otimes\bar{\boldsymbol{B}}_1] & (\boldsymbol{I}_{n-1}\otimes\bar{\boldsymbol{A}})^{\mathrm{T}}\boldsymbol{R} & (\boldsymbol{I}_{n-1}\otimes\bar{\boldsymbol{A}})^{\mathrm{T}}\boldsymbol{R}[(\boldsymbol{U}_1^{\mathrm{T}}\boldsymbol{E}_1)\otimes\bar{\boldsymbol{B}}_1] & 0 & 0 & 0 & 0\\ 0 & 0 & 0 & 0 & (\bar{\boldsymbol{L}}\otimes\bar{\boldsymbol{B}}_1)^{\mathrm{T}}\boldsymbol{R}[(\boldsymbol{U}_1^{\mathrm{T}}\boldsymbol{E}_1)\otimes\bar{\boldsymbol{B}}_1] & 0 & 0 & 0\\ 0 & 0 & 0 & 0 & 0 & 0 & 0 & \hat{\boldsymbol{B}}_2^{\mathrm{T}}\boldsymbol{R}[(\boldsymbol{U}_1^{\mathrm{T}}\boldsymbol{E}_1)\otimes\bar{\boldsymbol{B}}_1]\end{bmatrix},$$

$$\boldsymbol{X}_{22}=\mathrm{diag}\left\{-\frac{\boldsymbol{R}}{\tau},-\varepsilon_1\boldsymbol{I},-\frac{\varepsilon_3}{\tau}\boldsymbol{I},-\frac{\varepsilon_4}{\tau}\boldsymbol{I},-\frac{\varepsilon_2}{\tau}\boldsymbol{I},\begin{bmatrix}-\tau\boldsymbol{R} & \tau\boldsymbol{R}(\boldsymbol{U}_1^{\mathrm{T}}\boldsymbol{E}_1)\otimes\bar{\boldsymbol{B}}_1\\ * & -\tau\varepsilon_5\boldsymbol{I}\end{bmatrix},-\frac{\varepsilon_6}{\tau}\boldsymbol{I}\right\},$$

其中，

$\bar{\boldsymbol{E}}_2=(\boldsymbol{U}_1^{\mathrm{T}}\boldsymbol{E}_2^{\mathrm{T}}\boldsymbol{E}_2\boldsymbol{U}_1)\otimes\boldsymbol{I}_{ml}$,

$\hat{\boldsymbol{B}}_2=\boldsymbol{I}_{n-1}\otimes\bar{\boldsymbol{B}}_2$,

$\boldsymbol{P}_1=\boldsymbol{P}(\boldsymbol{I}_{n-1}\otimes\bar{\boldsymbol{A}}-\bar{\boldsymbol{L}}\otimes\bar{\boldsymbol{B}}_1)+(\boldsymbol{I}_{n-1}\otimes\bar{\boldsymbol{A}}-\bar{\boldsymbol{L}}\otimes\bar{\boldsymbol{B}}_1)^{\mathrm{T}}\boldsymbol{P}+\boldsymbol{Q}+\tau(\boldsymbol{I}_{n-1}\otimes\bar{\boldsymbol{A}})^{\mathrm{T}}\boldsymbol{R}(I_{n-1}\otimes\bar{\boldsymbol{A}})$,

$\boldsymbol{Q}_1=-\boldsymbol{Q}+\varepsilon_1\bar{\boldsymbol{E}}_2+\tau(\bar{\boldsymbol{L}}\otimes\bar{\boldsymbol{B}}_1)^{\mathrm{T}}\boldsymbol{R}(\bar{\boldsymbol{L}}\otimes\bar{\boldsymbol{B}}_1)+\tau\varepsilon_2\bar{\boldsymbol{E}}_2+\tau\varepsilon_3(\bar{\boldsymbol{L}}\otimes\bar{\boldsymbol{B}}_1)^{\mathrm{T}}(\bar{\boldsymbol{L}}\otimes\bar{\boldsymbol{B}}_1)+\tau\varepsilon_4\bar{\boldsymbol{E}}_2+\tau\varepsilon_5\bar{\boldsymbol{E}}_2+$
$\tau\varepsilon_6\bar{\boldsymbol{E}}_2$

**证明：** 选择一个 Lyapunov 函数为

$$V(t)=\delta_1^{\mathrm{T}}(t)\boldsymbol{P}\delta_1(t)+\int_{t-\tau}^{t}\delta_1^{\mathrm{T}}(s)\boldsymbol{Q}\delta_1(s)\mathrm{d}s+\int_{-\tau}^{0}\int_{t+\theta}^{t}\dot{\delta}_1^{\mathrm{T}}(s)\boldsymbol{R}\dot{\delta}_1(s)\mathrm{d}s\mathrm{d}\theta, \tag{4.15}$$

其中，$\boldsymbol{P}>0,\boldsymbol{Q}>0,\boldsymbol{R}>0$，且$\boldsymbol{P},\ \boldsymbol{Q},\ \boldsymbol{R}\in\mathbb{R}^{(n-1)l\times(n-1)l}$。

首先研究系统在无外部干扰 $\tilde{\omega}_1(t)$ 条件下的系统特性，对 $V(t)$ 求导可得

$$\begin{aligned}
\dot{V}(t)&=2\delta_1^{\mathrm{T}}(t)\boldsymbol{P}\dot{\delta}_1(t)+\delta_1^{\mathrm{T}}(t)\boldsymbol{Q}\delta_1(t)-\delta_1^{\mathrm{T}}(t-\tau)\boldsymbol{Q}\delta_1(t-\tau)+\tau\dot{\delta}_1^{\mathrm{T}}(t)\boldsymbol{R}\dot{\delta}_1(t)-\int_{t-\tau}^{t}\dot{\delta}_1^{\mathrm{T}}(s)\boldsymbol{R}\dot{\delta}_1(s)\mathrm{d}s\\
&=2\delta_1^{\mathrm{T}}(t)\boldsymbol{P}(\boldsymbol{I}_{n-1}\otimes\bar{\boldsymbol{A}})\delta_1(t)-2\delta_1^{\mathrm{T}}(t)\boldsymbol{P}[\bar{\boldsymbol{L}}+\overline{\Delta\boldsymbol{L}}(t)]\otimes\bar{\boldsymbol{B}}_1\delta_1(t-\tau)+\delta_1^{\mathrm{T}}(t)\boldsymbol{Q}\delta_1(t)-\\
&\quad\ \delta_1^{\mathrm{T}}(t-\tau)\boldsymbol{Q}\delta_1(t-\tau)+\tau\dot{\delta}_1^{\mathrm{T}}(t)\boldsymbol{R}\dot{\delta}_1(t)-\int_{t-\tau}^{t}\dot{\delta}_1^{\mathrm{T}}(s)\boldsymbol{R}\dot{\delta}_1(s)\mathrm{d}s
\end{aligned}$$

由Newton-Leibniz公式和引理 3.1 可得

$$\begin{aligned}
&-2\delta_1^{\mathrm{T}}(t)\boldsymbol{P}(\bar{\boldsymbol{L}}\otimes\bar{\boldsymbol{B}}_1)\delta_1(t-\tau)\\
&=-2\delta_1^{\mathrm{T}}(t)\boldsymbol{P}(\bar{\boldsymbol{L}}\otimes\bar{\boldsymbol{B}}_1)\delta_1(t)+2\int_{t-\tau}^{t}\delta_1^{\mathrm{T}}(t)\boldsymbol{P}(\bar{\boldsymbol{L}}\otimes\bar{\boldsymbol{B}}_1)\dot{\delta}_1(s)\mathrm{d}s\\
&\leqslant-2\delta_1^{\mathrm{T}}(t)\boldsymbol{P}(\bar{\boldsymbol{L}}\otimes\bar{\boldsymbol{B}}_1)\delta_1(t)+\tau\delta_1^{\mathrm{T}}(t)\boldsymbol{P}(\bar{\boldsymbol{L}}\otimes\bar{\boldsymbol{B}}_1)\boldsymbol{R}^{-1}(\bar{\boldsymbol{L}}\otimes\bar{\boldsymbol{B}}_1)^{\mathrm{T}}\boldsymbol{P}\delta_1(t)+\int_{t-\tau}^{t}\dot{\delta}_1^{\mathrm{T}}(s)\boldsymbol{R}\dot{\delta}_1(s)\mathrm{d}s,\\
&\quad-2\delta_1^{\mathrm{T}}(t)\boldsymbol{P}(\overline{\Delta\boldsymbol{L}}(t)\otimes\bar{\boldsymbol{B}}_1)\delta_1(t-\tau)\\
&=-2\delta_1^{T}(t)\boldsymbol{P}[(\boldsymbol{U}_1^{T}\boldsymbol{E}_1)\otimes\bar{\boldsymbol{B}}_1]\Sigma(t)[(\boldsymbol{E}_2\boldsymbol{U}_1)\otimes\boldsymbol{I}_{ml}]\delta_1(t-\tau)\\
&\leqslant\frac{1}{\varepsilon_1}\delta_1^{\mathrm{T}}(t)\boldsymbol{P}\bar{\boldsymbol{E}}_1\boldsymbol{P}\delta_1(t)+\varepsilon_1\delta_1^{\mathrm{T}}(t-\tau)\bar{\boldsymbol{E}}_2\delta_1(t-\tau),\\
&\quad\tau\delta_1^{\mathrm{T}}(t-\tau)\{[\bar{\boldsymbol{L}}+\overline{\Delta\boldsymbol{L}}(t)]\otimes\bar{\boldsymbol{B}}_1\}^{\mathrm{T}}\boldsymbol{R}\{[\bar{\boldsymbol{L}}+\overline{\Delta\boldsymbol{L}}(t)]\otimes\bar{\boldsymbol{B}}_1\}\delta_1(t-\tau)\\
&\leqslant\tau\delta_1^{\mathrm{T}}(t-\tau)(\bar{\boldsymbol{L}}\otimes\bar{\boldsymbol{B}}_1)^{\mathrm{T}}\boldsymbol{R}(\bar{L}\otimes\bar{\boldsymbol{B}}_1)\delta_1(t-\tau)+\frac{\tau}{\varepsilon_2}\delta_1^{\mathrm{T}}(t-\tau)(\bar{\boldsymbol{L}}\otimes\bar{\boldsymbol{B}}_1)^{\mathrm{T}}\boldsymbol{R}\bar{\boldsymbol{E}}_1\boldsymbol{R}(\bar{\boldsymbol{L}}\otimes\bar{\boldsymbol{B}}_1)\delta_1(t-\tau)+\\
&\quad\tau\varepsilon_2\delta_1^{\mathrm{T}}(t-\tau)\bar{\boldsymbol{E}}_2\delta_1(t-\tau)+\tau\delta_1^{\mathrm{T}}(t-\tau)[\overline{\Delta\boldsymbol{L}}(t)\otimes\bar{\boldsymbol{B}}_1]^{\mathrm{T}}\boldsymbol{R}(\overline{\Delta\boldsymbol{L}}(t)\otimes\bar{\boldsymbol{B}}_1)\delta_1(t-\tau),\\
&\quad-2\tau\delta_1^{\mathrm{T}}(t)(\boldsymbol{I}_{n-1}\otimes\bar{\boldsymbol{A}})^{\mathrm{T}}R\{[\bar{\boldsymbol{L}}+\overline{\Delta\boldsymbol{L}}(t)]\otimes\bar{\boldsymbol{B}}_1\}\delta_1(t-\tau)
\end{aligned}$$

$$
\begin{aligned}
&= -2\tau\delta_1^{\mathrm{T}}(t)(\boldsymbol{I}_{n-1}\otimes\bar{\boldsymbol{A}})^{\mathrm{T}}\boldsymbol{R}(\bar{\boldsymbol{L}}\otimes\bar{\boldsymbol{B}}_1)\delta_1(t-\tau)-2\tau\delta_1^{\mathrm{T}}(t)(\boldsymbol{I}_{n-1}\otimes\bar{\boldsymbol{A}})^{\mathrm{T}}\boldsymbol{R}[\overline{\Delta\boldsymbol{L}}(t)\otimes\bar{\boldsymbol{B}}_1]\delta_1(t-\tau)\\
&\leqslant \frac{\tau}{\varepsilon_3}\delta_1^{\mathrm{T}}(t)(\boldsymbol{I}_{n-1}\otimes\bar{\boldsymbol{A}})^{\mathrm{T}}R^2(\boldsymbol{I}_{n-1}\otimes\bar{\boldsymbol{A}})\delta_1(t)+\tau\varepsilon_3\delta_1^{\mathrm{T}}(t-\tau)(\bar{\boldsymbol{L}}\otimes\bar{\boldsymbol{B}}_1)^{\mathrm{T}}(\bar{\boldsymbol{L}}\otimes\bar{\boldsymbol{B}}_1)\delta_1(t-\tau)+\\
&\quad \frac{\tau}{\varepsilon_4}\delta_1^{\mathrm{T}}(t)(\boldsymbol{I}_{n-1}\otimes\bar{\boldsymbol{A}})^{T}\boldsymbol{R}\bar{\boldsymbol{E}}_1\boldsymbol{R}(\boldsymbol{I}_{n-1}\otimes\bar{\boldsymbol{A}})\delta_1(t)+\tau\varepsilon_4\delta_1^{\mathrm{T}}(t-\tau)\bar{\boldsymbol{E}}_2\delta_1(t-\tau)
\end{aligned}
$$

以上一系列的计算可以整理为

$$
\dot{V}(t)\leqslant\delta_1^{\mathrm{T}}(t)\bar{\boldsymbol{N}}_1\delta_1(t)+\delta_1^{\mathrm{T}}(t-\tau)\bar{\boldsymbol{N}}_2\delta_1(t-\tau)
$$

式中，

$$
\begin{aligned}
\bar{\boldsymbol{N}}_1 &= \boldsymbol{P}(\boldsymbol{I}_{n-1}\otimes\bar{\boldsymbol{A}}-\bar{\boldsymbol{L}}\otimes\bar{\boldsymbol{B}}_1)+(\boldsymbol{I}_{n-1}\otimes\bar{\boldsymbol{A}}-\bar{\boldsymbol{L}}\otimes\bar{\boldsymbol{B}}_1)^{\mathrm{T}}\boldsymbol{P}+\boldsymbol{Q}+\tau(\boldsymbol{I}_{n-1}\otimes\bar{\boldsymbol{A}})^{\mathrm{T}}\boldsymbol{R}(I_{n-1}\otimes\bar{\boldsymbol{A}})+\\
&\quad \frac{1}{\varepsilon_1}\boldsymbol{P}\bar{\boldsymbol{E}}_1\boldsymbol{P}+\tau\boldsymbol{P}(\bar{\boldsymbol{L}}\otimes\bar{\boldsymbol{B}}_1)\boldsymbol{R}^{-1}(\bar{\boldsymbol{L}}\otimes\bar{\boldsymbol{B}}_1)^{\mathrm{T}}\boldsymbol{P}+\frac{\tau}{\varepsilon_3}(\boldsymbol{I}_{n-1}\otimes\bar{\boldsymbol{A}})^{\mathrm{T}}\boldsymbol{R}^2(\boldsymbol{I}_{n-1}\otimes\bar{\boldsymbol{A}})+\\
&\quad \frac{\tau}{\varepsilon_4}(\boldsymbol{I}_{n-1}\otimes\bar{\boldsymbol{A}})^{\mathrm{T}}\boldsymbol{R}\bar{\boldsymbol{E}}_1\boldsymbol{R}(I_{n-1}\otimes\bar{\boldsymbol{A}}),\\
\bar{\boldsymbol{N}}_2 &= -\boldsymbol{Q}+\varepsilon_1\bar{\boldsymbol{E}}_2+\tau(\bar{\boldsymbol{L}}\otimes\bar{\boldsymbol{B}}_1)^{\mathrm{T}}\boldsymbol{R}(\bar{\boldsymbol{L}}\otimes\bar{\boldsymbol{B}}_1)+\tau[\overline{\Delta\boldsymbol{L}}(t)\otimes\bar{\boldsymbol{B}}_1]^{\mathrm{T}}\boldsymbol{R}[\overline{\Delta\boldsymbol{L}}(t)\otimes\bar{\boldsymbol{B}}_1]+\\
&\quad \frac{\tau}{\varepsilon_2}(\bar{\boldsymbol{L}}\otimes\bar{\boldsymbol{B}}_1)^{\mathrm{T}}\boldsymbol{R}\bar{E}_1\boldsymbol{R}(\bar{\boldsymbol{L}}\otimes\bar{\boldsymbol{B}}_1)+\tau\varepsilon_2\bar{\boldsymbol{E}}_2+\tau\varepsilon_3(\bar{\boldsymbol{L}}\otimes\bar{\boldsymbol{B}}_1)^{\mathrm{T}}(\bar{\boldsymbol{L}}\otimes\bar{\boldsymbol{B}}_1)+\tau\varepsilon_4\bar{\boldsymbol{E}}_2,
\end{aligned}
$$

其中，$\bar{\boldsymbol{E}}_1=[(\boldsymbol{U}_1^{\mathrm{T}}\boldsymbol{E}_1)\otimes\bar{\boldsymbol{B}}_1][(\boldsymbol{U}_1^{\mathrm{T}}\boldsymbol{E}_1)\otimes\bar{\boldsymbol{B}}_1]^{\mathrm{T}}$，$\bar{\boldsymbol{E}}_2=(\boldsymbol{U}_1^{\mathrm{T}}\boldsymbol{E}_2^{\mathrm{T}}\boldsymbol{E}_2\boldsymbol{U}_1)\otimes\boldsymbol{I}_2$，以及 $\varepsilon_1$，$\varepsilon_2$，$\varepsilon_3$，$\varepsilon_4$ 为正常数。

由引理 3.2 可知，定理 4.1 条件 (4.14) 中的 $\boldsymbol{X}<0$ 成立，可以保证 $\bar{\boldsymbol{N}}=\begin{bmatrix}\bar{\boldsymbol{N}}_1 & 0\\ 0 & \bar{\boldsymbol{N}}_2\end{bmatrix}<0$ 成立，进而可以得到 $\dot{V}(t)<0$，这就表明无干扰情况下多智能体系统(4.12)能够渐近稳定。因此，所有智能体状态达到一致。

再次利用引理 3.2，可得

$$
\bar{\boldsymbol{N}}_1<0\Leftrightarrow
$$

$$
\boldsymbol{N}_1=\begin{bmatrix}
\boldsymbol{P}_1 & \boldsymbol{P}(\bar{L}\otimes\bar{\boldsymbol{B}}_1) & \boldsymbol{P}[(\boldsymbol{U}_1^{\mathrm{T}}\boldsymbol{E}_1)\otimes\bar{\boldsymbol{B}}_1] & (\boldsymbol{I}_{n-1}\otimes\bar{\boldsymbol{A}})^{\mathrm{T}}\boldsymbol{R} & (\boldsymbol{I}_{n-1}\otimes\bar{\boldsymbol{A}})^{\mathrm{T}}\boldsymbol{R}(\boldsymbol{U}_1^{\mathrm{T}}\boldsymbol{E}_1)\otimes\bar{\boldsymbol{B}}_1\\
* & -\dfrac{\boldsymbol{R}}{\tau} & 0 & 0 & 0\\
* & * & -\varepsilon_1\boldsymbol{I} & 0 & 0\\
* & * & * & -\dfrac{\varepsilon_3}{\tau}\boldsymbol{I} & 0\\
* & * & * & * & -\dfrac{\varepsilon_4}{\tau}\boldsymbol{I}
\end{bmatrix}<0,
$$

$$\bar{N}_2 < 0$$

$$\Leftrightarrow \theta = \theta_1 + \tau(\overline{\Delta L}(t) \otimes \bar{B}_1)^{\mathrm{T}} R(\overline{\Delta L}(t) \otimes \bar{B}_1) \leqslant \begin{bmatrix} \theta_1 + \tau\varepsilon_5 \bar{E}_2 & 0 \\ 0 & -\tau R + \dfrac{\tau}{\varepsilon_5} R\bar{E}_1 R \end{bmatrix} < 0$$

$$\Leftrightarrow N_2 =$$

$$\begin{bmatrix} -Q + \varepsilon_1 \bar{E}_2 + \tau(\bar{L} \otimes \bar{B}_1)^{\mathrm{T}} R(\bar{L} \otimes \bar{B}_1) + \tau\varepsilon_2 \bar{E}_2 + \tau\varepsilon_3(\bar{L} \otimes \bar{B}_1)^{\mathrm{T}}(\bar{L} \otimes \bar{B}_1) + \tau\varepsilon_4 \bar{E}_2 + \tau\varepsilon_5 \bar{E}_2 & (\bar{L} \otimes \bar{B}_1)^{\mathrm{T}} R[(U_1^{\mathrm{T}} E_1) \otimes \bar{B}_1] & 0 & 0 \\ * & -\dfrac{\varepsilon_2}{\tau} I & 0 & 0 \\ * & * & -\tau R & R[(U_1^{\mathrm{T}} E_1) \otimes \bar{B}_1] \\ * & * & * & -\dfrac{\varepsilon_5}{\tau} I \end{bmatrix} < 0,$$

式中，

$$\varepsilon_5 > 0,$$

$$\theta_1 = -Q + \varepsilon_1 \bar{E}_2 + \tau(\bar{L} \otimes \bar{B}_1)^{\mathrm{T}} R(\bar{L} \otimes \bar{B}_1) + \frac{\tau}{\varepsilon_2}(\bar{L} \otimes \bar{B}_1)^{\mathrm{T}} R\bar{E}_1 R(\bar{L} \otimes \bar{B}_1) + \tau\varepsilon_2 \bar{E}_2 +$$
$$\tau\varepsilon_3(\bar{L} \otimes \bar{B}_1)^{\mathrm{T}}(\bar{L} \otimes B_1) + \tau\varepsilon_4 \bar{E}_2$$

接下来，讨论具有外部干扰 $\tilde{\omega}_1(t)$ 的情况，沿着系统 (4.12) 的解对 $V(t)$ 求导，可得

$$\begin{aligned}
&\dot{V}(t) \\
\leqslant &\delta_1^{\mathrm{T}}(t)\bar{N}_1\delta_1(t) + \delta_1^{\mathrm{T}}(t-\tau)\bar{N}_2\delta_1(t-\tau) + 2\delta_1^{\mathrm{T}}(t)P\hat{B}_2\tilde{\omega}_1(t) + \tau\tilde{\omega}_1^{\mathrm{T}}(t)\hat{B}_2^{\mathrm{T}}R\hat{B}_2\tilde{\omega}_1(t) + \\
&2\tau\delta_1^{\mathrm{T}}(t)(I_{n-1} \otimes \bar{A})^{\mathrm{T}}R\hat{B}_2\tilde{\omega}_1(t) - 2\tau\delta_1^{\mathrm{T}}(t-\tau)\{[\bar{L} + \overline{\Delta L}(t)] \otimes \bar{B}_1\}^{\mathrm{T}}R\hat{B}_2\tilde{\omega}_1(t) \\
\leqslant &\delta_1^{\mathrm{T}}(t)\bar{N}_1\delta_1(t) + \delta_1^{\mathrm{T}}(t-\tau)\bar{N}_2\delta^1(t-\tau) + 2\delta_1^{\mathrm{T}}(t)P\hat{B}_2\tilde{\omega}_1(t) + \tau\tilde{\omega}_1^{\mathrm{T}}(t)\hat{B}_2^{\mathrm{T}}R\hat{B}_2\tilde{\omega}_1(t) + \\
&2\tau\delta_1^{\mathrm{T}}(t)(I_{n-1} \otimes \bar{A})^{\mathrm{T}}R\hat{B}_2\tilde{\omega}_1(t) - 2\tau\delta_1^{\mathrm{T}}(t-\tau)(\bar{L} \otimes B_1)^{\mathrm{T}}R\hat{B}_2\tilde{\omega}_1(t) + \varepsilon_6\tau\delta_1^{\mathrm{T}}(t-\tau)\bar{E}_2\delta_1(t-\tau) + \\
&\frac{\tau}{\varepsilon_6}\tilde{\omega}_1(t)^{\mathrm{T}}\hat{B}_2^{T}R\bar{E}_1R\hat{B}_2\tilde{\omega}_1(t),
\end{aligned}$$

其中，$\varepsilon_6 > 0$。

由于零初始条件 $\phi(t)=0,\ t\in[-\tau,0]$，可知 $\boldsymbol{V}(0)=0$，对任意 $T>0$，我们定义如下代价函数

$$\begin{aligned}J_T&=V(t)-\gamma\int_0^T\tilde{\omega}_1^{\mathrm{T}}(s)\tilde{\omega}_1(s)\mathrm{d}s\\&=\int_0^T[\dot{V}(s)-\gamma\tilde{\omega}_1^{\mathrm{T}}(s)\tilde{\omega}_1(s)]\mathrm{d}s\\&\leqslant\int_0^T\zeta^{\mathrm{T}}(t)\boldsymbol{Y}\zeta(t)\mathrm{d}t,\end{aligned}\tag{4.16}$$

式中，

$$\boldsymbol{Y}=\begin{bmatrix}\bar{\boldsymbol{N}}_1 & 0 & \boldsymbol{P}\hat{\boldsymbol{B}}_2+\tau(\boldsymbol{I}_{n-1}\otimes\bar{\boldsymbol{A}})^{\mathrm{T}}\boldsymbol{R}\hat{\boldsymbol{B}}_2\\ * & \bar{\boldsymbol{N}}_2+\varepsilon_6\tau\bar{\boldsymbol{E}}_2 & -\tau(\bar{\boldsymbol{L}}\otimes\boldsymbol{B}_1)^{\mathrm{T}}\boldsymbol{R}\hat{\boldsymbol{B}}_2\\ * & * & -\gamma\boldsymbol{I}+\dfrac{\tau}{\varepsilon_6}\hat{\boldsymbol{B}}_2^{\mathrm{T}}\boldsymbol{R}\bar{\boldsymbol{E}}_1\boldsymbol{R}\hat{\boldsymbol{B}}_2+\tau\hat{\boldsymbol{B}}_2^{T}\boldsymbol{R}\hat{\boldsymbol{B}}_2\end{bmatrix},$$

$$\zeta^{\mathrm{T}}(t)=[\delta_1^{\mathrm{T}}(t)\quad\delta_1^{\mathrm{T}}(t-\tau)\quad\tilde{\omega}_1^{\mathrm{T}}(t)]$$

由引理 3.2，可知如果 $\boldsymbol{X}<0$，则 $\boldsymbol{Y}<0$。这样，$J_T<0$ 显然成立，即

$$V(t)<\gamma\int_0^T\hat{\omega}_1^{\mathrm{T}}(t)\hat{\omega}_1(t)\mathrm{d}t\tag{4.17}$$

由 $\begin{bmatrix}-\boldsymbol{P} & (\boldsymbol{U}_1^T\boldsymbol{C}\boldsymbol{U}_1)^{\mathrm{T}}\otimes\boldsymbol{I}_{ml}\\ * & -\gamma\boldsymbol{I}_{(n-1)m}\end{bmatrix}<\boldsymbol{0}$，可知

$$[(\boldsymbol{U}_1^{\mathrm{T}}\boldsymbol{C}\boldsymbol{U}_1)\otimes\boldsymbol{I}_{ml}]^{\mathrm{T}}[(\boldsymbol{U}_1^{\mathrm{T}}\boldsymbol{C}\boldsymbol{U}_1)\otimes\boldsymbol{I}_{ml}]-\gamma\boldsymbol{P}<\boldsymbol{0}\tag{4.18}$$

结合式 (4.17) 和式 (4.18)，易得

$$\begin{aligned}&\tilde{z}_1^{\mathrm{T}}(t)\tilde{z}_1(t)=\delta_1^{\mathrm{T}}(t)[(\boldsymbol{U}_1^{\mathrm{T}}\boldsymbol{C}\boldsymbol{U}_1)\otimes\boldsymbol{I}_{ml}]^{\mathrm{T}}[(\boldsymbol{U}_1^{\mathrm{T}}\boldsymbol{C}\boldsymbol{U}_1)\otimes\boldsymbol{I}_{ml}]\delta_1(t)<\gamma\delta_1^{\mathrm{T}}(t)\boldsymbol{P}\delta_1(t)\leqslant\gamma\boldsymbol{V}(t)\\&<\gamma^2\int_0^T\tilde{\omega}_1^{\mathrm{T}}(t)\tilde{\omega}_1(t)\mathrm{d}t\leqslant\gamma^2\int_0^\infty\tilde{\omega}_1^{\mathrm{T}}(t)\tilde{\omega}_1(t)\mathrm{d}t=\gamma^2\|\tilde{\omega}_1(t)\|_2^2\end{aligned}\tag{4.19}$$

取 $\tilde{z}_1^{\mathrm{T}}(t)\tilde{z}_1(t)$ 的最大值作为 $\|\hat{z}_1(t)\|_\infty^2$，可知 $\|\boldsymbol{T}_{\tilde{z}_1\tilde{\omega}_1}(s)\|_{L_2-L_\infty}=\frac{\|\tilde{z}_1(t)\|_\infty}{\|\tilde{\omega}_1(t)\|_2}<\gamma$，即对于任意 $0\neq\omega(t)\in\mathbb{L}_2[0,\infty)$，都有 $\|\boldsymbol{T}_{z\omega}(s)\|_{L_2-L_\infty}<\gamma$ 成立。

因此，所有智能体在条件 (4.14) 下能够达到具有 $\|\boldsymbol{T}_{z\omega}\|_{L_2-L_\infty}<\gamma$ 性能的鲁棒一致性。证明完成。 □

由定理(4.1)可以得到无时滞情形下的推论:

**推论 4.1：** 考虑有向定拓扑条件下的无时滞多智能体系统 (4.1)，假设定拓扑图包含生成树。对给定性能指标 $\gamma > 0$，如果存在正定矩阵 $\boldsymbol{P} > 0$，且 $\boldsymbol{P} \in \mathbb{R}^{(n-1)ml \times (n-1)ml}$，以及任意正数 $\mu > 0$ 满足线性矩阵不等式(4.20)，则高阶多智能体系统 (4.1) 能达到具有期望 $L_2 - L_\infty$ 性能的鲁棒一致性。

$$\begin{bmatrix} \boldsymbol{P}(\boldsymbol{I}_{n-1} \otimes \bar{\boldsymbol{A}} - \bar{\boldsymbol{L}} \otimes \bar{\boldsymbol{B}}_1) + (\boldsymbol{I}_{n-1} \otimes \bar{\boldsymbol{A}} - \bar{\boldsymbol{L}} \otimes \bar{\boldsymbol{B}}_1)^{\mathrm{T}}\boldsymbol{P} + \mu\bar{\boldsymbol{E}}_2 & \boldsymbol{P}[(\boldsymbol{U}_1^{\mathrm{T}}\boldsymbol{E}_1) \otimes \bar{\boldsymbol{B}}_1] & \boldsymbol{P}\hat{\boldsymbol{B}}_2 \\ * & -\mu\boldsymbol{I} & 0 \\ * & * & -\gamma\boldsymbol{I} \end{bmatrix} < \boldsymbol{0}, \quad (4.20)$$

$$\begin{bmatrix} -\boldsymbol{P} & [(\boldsymbol{U}_1^{\mathrm{T}}\boldsymbol{C}\boldsymbol{U}_1) \otimes \boldsymbol{I}_{ml}]^{\mathrm{T}} \\ * & -\gamma\boldsymbol{I}_{(n-1)ml} \end{bmatrix} < \boldsymbol{0},$$

式中，$\hat{\boldsymbol{B}}_2 = \boldsymbol{L}_c \otimes \bar{\boldsymbol{B}}_2$，$\bar{\boldsymbol{E}}_2 = (\boldsymbol{U}_1^{\mathrm{T}}\boldsymbol{E}_2^{\mathrm{T}}\boldsymbol{E}_2\boldsymbol{U}_1) \otimes \boldsymbol{I}_{ml}$

### 4.4.3 有向变拓扑网络

**定理 4.2：** 考虑有向变拓扑条件下的时滞多智能体系统 (4.1)，假设每个变拓扑图都包含生成树。对给定性能指标 $\gamma > 0$，如果存在正定矩阵 $\boldsymbol{P} > 0, \boldsymbol{Q} > 0, \boldsymbol{R} > 0$，且 $\boldsymbol{P}, \boldsymbol{Q}, \boldsymbol{R} \in \mathbb{R}^{(n-1)ml \times (n-1)ml}$，以及正数 $\varepsilon_1$、$\varepsilon_2$、$\varepsilon_3$、$\varepsilon_4$、$\varepsilon_5$、$\varepsilon_6$ 满足

$$\begin{gathered} \boldsymbol{M}_\sigma = \begin{bmatrix} \boldsymbol{M}_{\sigma 11} & \boldsymbol{M}_{\sigma 12} \\ * & \boldsymbol{M}_{\sigma 22} \end{bmatrix} < \boldsymbol{0}, \\ \begin{bmatrix} -\boldsymbol{P} & [(\boldsymbol{U}_1^{T}\boldsymbol{C}\boldsymbol{U}_1) \otimes \boldsymbol{I}_{ml}]^{T} \\ * & -\gamma\boldsymbol{I}_{(n-1)ml} \end{bmatrix} < \boldsymbol{0}, \end{gathered} \quad (4.21)$$

式中，

$$\boldsymbol{M}_{\sigma 11} = \begin{bmatrix} \boldsymbol{P}_{1\sigma(t)} & 0 & \boldsymbol{P}\hat{\boldsymbol{B}}_2 + \tau(\boldsymbol{I}_{n-1} \otimes \bar{\boldsymbol{A}})^{\mathrm{T}}\boldsymbol{R}\hat{\boldsymbol{B}}_2 \\ * & \boldsymbol{Q}_{1\sigma(t)} & -\tau(\bar{\boldsymbol{L}}_{\sigma(t)} \otimes \boldsymbol{B}_1)^{\mathrm{T}}\boldsymbol{R}\hat{\boldsymbol{B}}_2 \\ * & * & -\gamma\boldsymbol{I} + \tau\hat{\boldsymbol{B}}_2^{\mathrm{T}}\boldsymbol{R}\hat{\boldsymbol{B}}_2 \end{bmatrix},$$

$$\boldsymbol{M}_{\sigma 12} = \begin{bmatrix} \boldsymbol{P}(\bar{\boldsymbol{L}}_{\sigma(t)} \otimes \bar{B}_1) & \boldsymbol{P}[(\boldsymbol{U}_1^{\mathrm{T}}\boldsymbol{E}_{1\sigma(t)}) \otimes \bar{\boldsymbol{B}}_1] & (\boldsymbol{I}_{n-1} \otimes \bar{\boldsymbol{A}})^{\mathrm{T}}\boldsymbol{R} & (\boldsymbol{I}_{n-1} \otimes \bar{\boldsymbol{A}})^{\mathrm{T}}\boldsymbol{R}[(\boldsymbol{U}_1^{\mathrm{T}}\boldsymbol{E}_{1\sigma(t)}) \otimes \bar{\boldsymbol{B}}_1] \\ 0 & 0 & 0 & 0 \\ 0 & 0 & 0 & 0 \end{bmatrix}$$

$$\begin{array}{ccc} 0 & 0\,0 & 0 \\ \tau(\bar{\boldsymbol{L}}_{\sigma(t)}\otimes\bar{\boldsymbol{B}}_1)^{\mathrm{T}}\boldsymbol{R}[(\boldsymbol{U}_1^{\mathrm{T}}\boldsymbol{E}_{1\sigma(t)})\otimes\bar{\boldsymbol{B}}_1] & 0\,0 & 0 \\ 0 & 0\,0 & \hat{\boldsymbol{B}}_2^{\mathrm{T}}\boldsymbol{R}[(\boldsymbol{U}_1^{\mathrm{T}}\boldsymbol{E}_{1\sigma(t)})\otimes\bar{\boldsymbol{B}}_1] \end{array}\Bigg],$$

$$\boldsymbol{M}_{\sigma22}=\mathrm{diag}\left\{-\frac{R}{\tau},-\varepsilon_1\boldsymbol{I},-\frac{\varepsilon_3}{\tau}\boldsymbol{I},-\frac{\varepsilon_4}{\tau}\boldsymbol{I},-\frac{\varepsilon_2}{\tau}\boldsymbol{I},\begin{bmatrix}-\tau\boldsymbol{R} & \tau\boldsymbol{R}(\boldsymbol{U}_1^{\mathrm{T}}\boldsymbol{E}_{1\sigma(t)})\otimes\bar{\boldsymbol{B}}_1\\ * & -\tau\varepsilon_5\boldsymbol{I}\end{bmatrix},-\frac{\varepsilon_6}{\tau}\boldsymbol{I},\right\}$$

其中，

$$\bar{\boldsymbol{L}}_{\sigma(t)}=\boldsymbol{U}_1^{\mathrm{T}}\boldsymbol{L}_{\sigma(t)}\boldsymbol{U}_1,$$

$$\bar{\boldsymbol{E}}_{2\sigma(t)}=(\boldsymbol{U}_1^{\mathrm{T}}\boldsymbol{E}_{2\sigma(t)}^{\mathrm{T}}\boldsymbol{E}_{2\sigma(t)}\boldsymbol{U}_1)\otimes\boldsymbol{I}_{ml},$$

$$\hat{\boldsymbol{B}}_2=\boldsymbol{U}_1^{\mathrm{T}}\otimes\bar{\boldsymbol{B}}_2,$$

$$\boldsymbol{P}_{1\sigma(t)}=\boldsymbol{P}(I_{n-1}\otimes\bar{\boldsymbol{A}}-\bar{\boldsymbol{L}}_{\sigma(t)}\otimes\bar{\boldsymbol{B}}_1)+(\boldsymbol{I}_{n-1}\otimes\bar{\boldsymbol{A}}-\bar{\boldsymbol{L}}_{\sigma(t)}\otimes\bar{\boldsymbol{B}}_1)^{\mathrm{T}}\boldsymbol{P}+\boldsymbol{Q}+\tau(\boldsymbol{I}_{n-1}\otimes\bar{\boldsymbol{A}})^{\mathrm{T}}\boldsymbol{R}(\boldsymbol{I}_{n-1}\otimes\bar{\boldsymbol{A}}),$$

$$\boldsymbol{Q}_{1\sigma(t)}=-\boldsymbol{Q}+\varepsilon_1\bar{\boldsymbol{E}}_{2\sigma(t)}+\tau(\bar{\boldsymbol{L}}_{\sigma(t)}\otimes\bar{\boldsymbol{B}}_1)^{\mathrm{T}}\boldsymbol{R}(\bar{\boldsymbol{L}}_{\sigma(t)}\otimes\bar{\boldsymbol{B}}_1)+\tau\varepsilon_2\bar{\boldsymbol{E}}_{2\sigma(t)}+\tau\varepsilon_3(\bar{\boldsymbol{L}}_{\sigma(t)}\otimes\bar{\boldsymbol{B}}_1)^{\mathrm{T}}(\bar{\boldsymbol{L}}_{\sigma(t)}\otimes\bar{\boldsymbol{B}}_1)+$$

$$\tau\varepsilon_4\bar{\boldsymbol{E}}_{2\sigma(t)}+\tau\varepsilon_6\bar{\boldsymbol{E}}_{2\sigma(t)},$$

以及 $\boldsymbol{E}_{1\sigma(t)}$ 和 $\boldsymbol{E}_{2\sigma(t)}$ 满足 $\Delta\boldsymbol{L}_{\sigma(t)}=\boldsymbol{E}_{1\sigma(t)}\Sigma(t)\boldsymbol{E}_{2\sigma(t)}$。

**证明：**　从小节 4.4.1 的分析过程中，得出可用降阶系统 (4.13) 代替原始系统 (4.8) 来研究变拓扑情况下的具有 $L_2-L_\infty$ 性能的一致性。

其余的证明均可由定理4.1直接推导得出。同时，值得强调的是在本章中所有可能的 $\boldsymbol{I}_{n-1}\otimes\bar{\boldsymbol{A}}-\bar{\boldsymbol{L}}_{\sigma(t)}\otimes\bar{\boldsymbol{B}}_1$ 使用的是同一个 Lyapunov-Krasovskii 函数 $\boldsymbol{V}(t)$。　□

**注释 4.2：**　众所周知，拓扑结构动态变化的情况下，两个连续切换之间存在一个时滞，或称为滞留时间。这里假设滞留时间非常小，甚至可以忽略，也就是说，切换可以在瞬间完成。本章中关于切换拓扑的所有结论都是基于这一假设得出的。

**推论 4.2：**　考虑有向变拓扑条件下的无时滞多智能体系统 (4.1)，假设每个变拓扑图都包含生成树。对给定性能指标 $\gamma>0$，如果存在正定矩阵 $\boldsymbol{P}>0$，且 $\boldsymbol{P}\in\mathbb{R}^{(n-1)ml\times(n-1)ml}$，以及任意正数$\mu>0$ 满足线性矩阵不等式(4.22)，则高阶多智能体

系统 (4.1) 能达到具有期望 $L_2-L_\infty$ 性能的鲁棒一致性。

$$\begin{bmatrix} \tilde{\boldsymbol{P}}_\sigma & \boldsymbol{P}[(\boldsymbol{U}_1^{\mathrm{T}}\boldsymbol{E}_{1\sigma(t)}^{\mathrm{T}})\otimes\bar{\boldsymbol{B}}_1] & \boldsymbol{P}\hat{\boldsymbol{B}}_2 \\ * & -\mu\boldsymbol{I} & 0 \\ * & * & -\gamma\boldsymbol{I} \end{bmatrix} < 0,$$
$$\begin{bmatrix} -\boldsymbol{P} & [(\boldsymbol{U}_1^{\mathrm{T}}\boldsymbol{C}\boldsymbol{U}_1)\otimes\boldsymbol{I}_{ml}]^{\mathrm{T}} \\ * & -\gamma\boldsymbol{I}_{(n-1)ml} \end{bmatrix} < 0, \tag{4.22}$$

式中，

$$\tilde{\boldsymbol{P}}_\sigma = \boldsymbol{P}(\boldsymbol{I}_{n-1}\otimes\bar{\boldsymbol{A}}-\bar{\boldsymbol{L}}_{\sigma(t)}\otimes\bar{\boldsymbol{B}}_1)+(\boldsymbol{I}_{n-1}\otimes\bar{\boldsymbol{A}}-\bar{\boldsymbol{L}}_{\sigma(t)}\otimes\bar{\boldsymbol{B}}_1)^{\mathrm{T}}\boldsymbol{P}+\mu\bar{\boldsymbol{E}}_{2\sigma(t)},$$
$$\bar{\boldsymbol{L}}_{\sigma(t)} = \boldsymbol{U}_1^{\mathrm{T}}\boldsymbol{L}_{\sigma(t)}\boldsymbol{U}_1,$$
$$\bar{\boldsymbol{B}}_2 = \boldsymbol{U}_1^{\mathrm{T}}\otimes\boldsymbol{B}_2,$$
$$\bar{\boldsymbol{E}}_{2\sigma(t)} = (\boldsymbol{U}_1^{\mathrm{T}}\boldsymbol{E}_{2\sigma(t)}^{\mathrm{T}}\boldsymbol{E}_{2\sigma(t)}\boldsymbol{U}_1)\otimes\boldsymbol{I}_{ml}$$

其中，$\boldsymbol{E}_{1\sigma(t)}$ 和 $\boldsymbol{E}_{2\sigma(t)}$ 满足 $\Delta\boldsymbol{L}_{\sigma(t)}=\boldsymbol{E}_{1\sigma(t)}\Sigma(t)\boldsymbol{E}_{2\sigma(t)}$。

## 4.5 仿真实例

这一节将以变拓扑网络下具有时滞的多智能体系统一致性为例，来验证本章所提协议的有效性和所得结论的正确性。

考虑一个具有四个独立智能体的三阶多智能体系统，其系统动态模型为

$$\dot{x}_i(t) = v_i(t)$$
$$\dot{v}_i(t) = a_i(t)$$
$$\dot{a}_i(t) = -\kappa_1 v_i(t)-\kappa_2 a_i(t)+\kappa_0\sum_{j\in\mathcal{N}_i(t)}(a_{ij}+\Delta a_{ij}(t))[x_j(t-\tau)-x_i(t-\tau)],$$
$$z_i^{(0)}(t) = c_i[x_i(t)-\frac{1}{n}\sum_{j=1}^{n}x_j(t)],$$
$$z_i^{(1)}(t) = c_i[v_i(t)-\frac{1}{n}\sum_{j=1}^{n}v_j(t)],$$
$$z_i^{(2)}(t) = c_i[a_i(t)-\frac{1}{n}\sum_{j=1}^{n}a_j(t)], i=1,2,3,4$$

其中，$x_i(t)\in\mathbb{R}^2$、$v_i(t)\in\mathbb{R}^2$ 和 $a_i(t)\in\mathbb{R}^2$ 分别表示第 $i$ 个智能体的位置、速度和加速度状态，$\omega_i(t)\in\mathbb{R}^2$ 是具有有限能量的外部干扰，这里选为脉冲信号，作用时间为2 s。并设定各智能体的加权系数分别为：$c_1=0.5$，$c_2=1$，$c_3=1.5$，$c_4=0.8$。$\kappa_k\ (k=0,1,2)$ 是控制参数，通过对它们的正确选择，可对系统进行控制。

图 4-1 描述了四个不同的有向图，每个图都包含生成树。从状态 $G_a$ 开始，依次序 $G_a\to G_b\to G_c\to G_d\to G_a$ 切换，每过 0.01 s 变化到下一状态。假设 $a_{ij}$ 全部都为 1，边的不确定权值满足 $|\Delta a_{ij}|\leq 0.01$。为简便，外部干扰取为幅值为 1 的脉冲信号$w(t)$，作用时间为 [0, 2 s]。因此，可设外部干扰 $\omega(t)=[1\quad -1\quad 2\quad 1.5]^{\mathrm{T}}w(t)$。

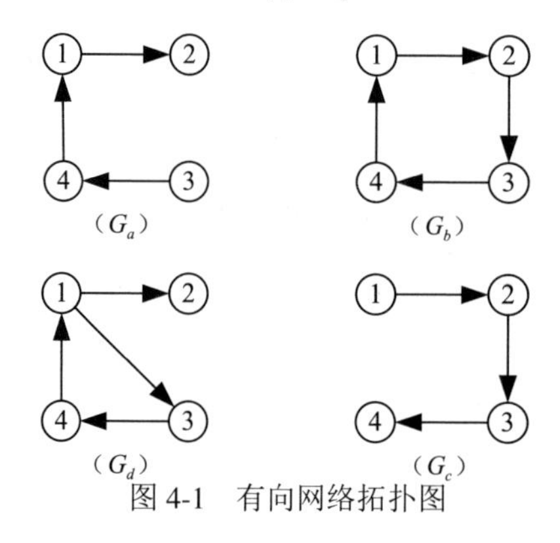

图 4-1　有向网络拓扑图

令性能指标 $\gamma=1$。取控制参数 $\kappa_0=1$，$\kappa_2=2$，$\kappa_2=6$，由定理4.2可知，线性矩阵不等式 (4.21) 对于给定正常数 $\varepsilon_i\,(i=1,2,\cdots,6)$ 是可行的，可解得时滞为 $\tau=0.131\,\mathrm{s}$。设所有状态的初始值为 $x(0)=[10,20,40,50,30,-20,-30,-40]^{\mathrm{T}}$，$v(0)=[-5,1,4,2,3,3,2,1]^{\mathrm{T}}$，$a(0)=[3,0,-1,0,-2,0,1,0]^{\mathrm{T}}$。图 4-2、图 4-3 以及图 4-4 分别描述了无外部干扰时多智能体系统的位置、速度和加速度状态。图 4-5 是存在干扰 $\omega(t)$ 时，在零初始条件下，系统被控输出 $z(t)$ 的峰值与外部干扰 $\omega(t)$ 的能量关系曲线。从图上显然可以看出，系统对干扰的抑制能力满足期望性能指标 $\|\boldsymbol{T}_{z\omega}\|_{L_2-L_\infty}=\frac{\|z(t)\|_\infty}{\|\omega(t)\|_2}<1$。

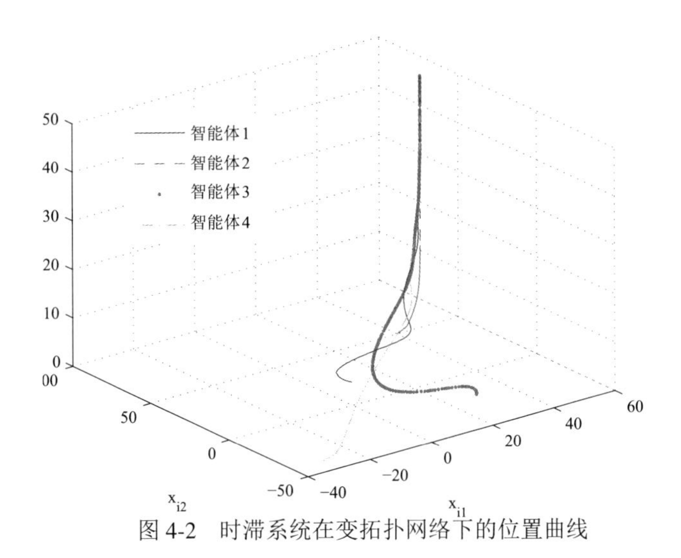


图 4-2　时滞系统在变拓扑网络下的位置曲线

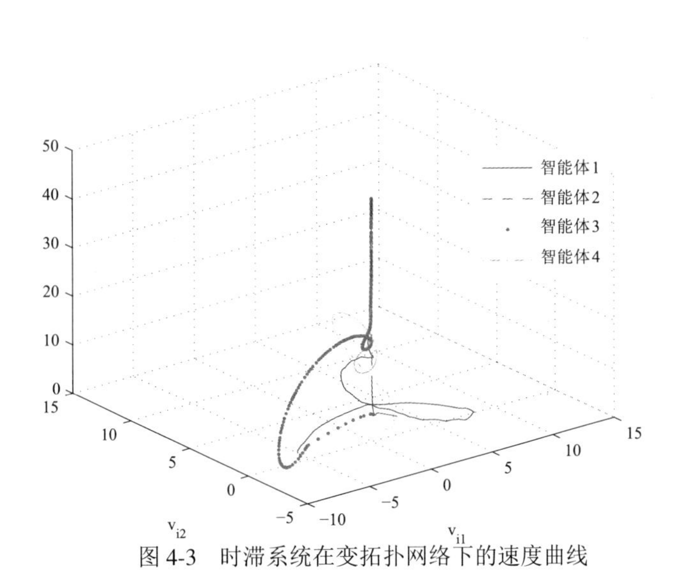


图 4-3　时滞系统在变拓扑网络下的速度曲线

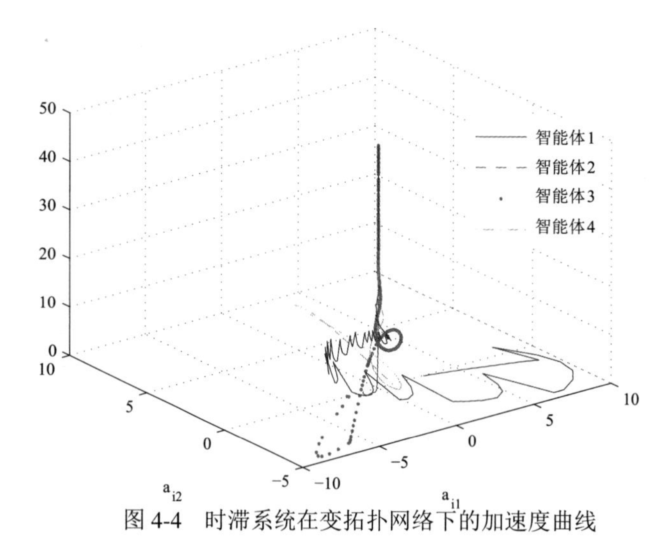


图 4-4　时滞系统在变拓扑网络下的加速度曲线

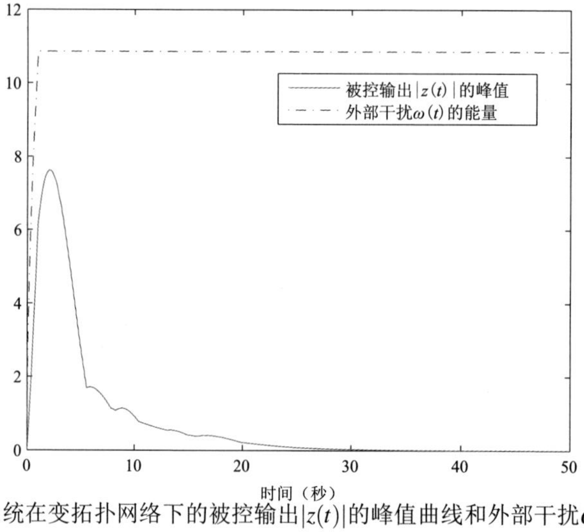

图 4-5　时滞系统在变拓扑网络下的被控输出$|z(t)|$的峰值曲线和外部干扰$\omega(t)$的能量曲线

## 4.6 本章小结

本章通过使用 $L_2-L_\infty$ 控制方法研究了具有外部干扰和通信不确定性的高阶多智能体系统的鲁棒一致性，分别考虑了定拓扑和变拓扑的情形。针对实际中对被控输出峰值有限制的情况，引入加权矩阵将其控制到规定范围内。进一步，提出线性一致性控制协议，并得到具有期望抗干扰性能的一致性条件，这一条件是以线性矩阵不等式表示的。值得注意的是，本章所得结论可以应用于所有低阶线性多智能体系统。

# 第 5 章 时变时滞高阶多智能体系统 $L_2-L_\infty$ 一致性方法

本章采用树型变换方法研究了变拓扑结构下通信时滞随时间变化的高阶多智能体系统一致性问题，考虑了时滞为一致和不一致的两种情况，通过定义两个不同的Lyapunov函数，得到以线性矩阵不等式表示的一致性条件，并求得一致时滞条件下时滞的最大容许值。此外，在系统中还存在外部干扰的情况下，得到该多智能体系统具有期望抗干扰性能的一致性条件。最后通过仿真实例验证了所得结论的正确性。

## 5.1 引言

上一章研究了具有通信不确定性和常数时滞的高阶多智能体系统的一致性问题。然而，在实际中，多智能体网络经常会受到由于智能体移动所产生的链路故障或重建的影响，或者出现由传输介质物理特性引起的相互作用不对称性等因素导致的通信时滞，这样的时滞往往是随时间变化的。Sun等人[65]通过基于树型变换方法研究了一阶多智能体系统的一致性问题，分别考虑了三种情况下的一致性：一是变拓扑结构下具有不一致时变时滞的有向网络；二是由于通信间断产生数据丢包情况下的有向网络；三是第一种情况下的有限时间一致性问题。Lin等人[100]研究了一阶多智能体系统在多时滞联合连通拓扑结构下的一致性问题，通过收敛性分析得到系统在拓扑结构随时间变化，甚至不连通情况下达到一致的充分条件。

本章将文献 [65] 中的树型变换方法推广到具有高阶多智能体系统一致性控制问题的研究中，将原始系统的一致性问题转换成等价降阶系统的渐近稳定问题，使用 $L_2-L_\infty$ 控制方法抑制外部干扰信号，分别在一致和不一致的时变时滞情况下，得到具有期望性能指标的一致性条件，并求得一致时滞情形下的最大容许时滞。其中，同样引入加权矩阵对被控输出峰值进行限制，将其控制在规定范围内。

本章的其余部分安排如下。第5.2节给出了高阶多智能体系统一致性问题的描述。第5.3节提出多智能体系统的一致性控制协议，并给出系统动态。第5.4节通过树型变换，得到时滞系统达到具有期望性能指标的一致性条件。第5.5节仿真实例验证所得结论的正确性。最后，第5.6节对本章内容进行了小结。

## 5.2 问题描述

本章研究有向通信网络结构下多智能体系统的一致性控制问题，考虑一个具有 $n$ 个独立智能体的高阶多智能体系统，每个智能体都可以看作图 $\mathscr{G}$ 的一个节点，则第 $i$ 个（$i \in \mathscr{I}$）智能体的动态可由下面所示的 $l$ 阶（$l \geqslant 2$）微分方程表示：

$$\begin{aligned}\dot{\xi}_i^{(0)}(t) &= \xi_i^{(1)}(t),\\ &\vdots \\ \dot{\xi}_i^{(l-2)}(t) &= \xi_i^{(l-1)}(t),\\ \dot{\xi}_i^{(l-1)}(t) &= u_i(t)+\omega_i(t), i=1,2,\cdots,n\end{aligned} \tag{5.1}$$

以上系统与前一章中式 (4.1) 所示系统是一样的，状态变量的定义也相同，为 $\xi_i^{(k)}(t) \in \mathbb{R}^m$ $(k=0,1,\cdots,l-1)$ 表示第 $i$ 个智能体的状态，$u_i(t) \in \mathbb{R}^m$ 是智能体 $i$ 的控制协议，$\omega_i(t) \in \mathbb{R}^m$ 是外部干扰输入，属于 $\mathbb{L}_2[0,\infty)$ 空间。但本章所用的研究方法与上一章有很大区别。不失一般性，在下面的分析中令 $m=1$，对于 $1<m<\infty$ 的情况可以通过Kronecher积来表示。本章研究目标是使系统(5.1)中状态达到渐近一致，即对于任意 $i, j \in \mathscr{I}$，有

$$\lim_{t \to +\infty}[\xi_i^{(k)}(t)-\xi_j^{(k)}(t)]=0, k=0,1,\cdots,l-1 \tag{5.2}$$

## 5.3 协议设计

考虑到智能体间的通信时滞随时间变化，本章提出如下线性控制协议，其中包含基于邻居交互作用的反馈控制器。

$$u_i(t)=-\sum_{k=1}^{l-1}\kappa_k\xi_i^{(k)}(t)+\sum_{j\in\mathscr{N}_i(t)}a_{ij}(t)\kappa_0\{\xi_j^{(0)}[t-\tau_{ij}(t)]-\xi_i^{(0)}[t-\tau_{ij}(t)]\}, \tag{5.3}$$

其中，$\kappa_k>0$, $k=0,1,\cdots,l-1$ 表示一致性增益。$a_{ij}(t)$ 为有向图边的权值。若在节点 $i$ 到 $j$ 有路径，则 $a_{ij}(t)=1$；反之，$a_{ij}(t)=0$。$\tau_{ij}(t)>0$ 为存在于智能体 $i$ 和智能体 $j$ 之间的通信时滞，在本章中分别研究其为一致时滞，即 $\tau_{ij}(t)=\tau(t)$，以及为不一致时滞 $\tau_{ij}(t) \in \{\tau_m(t): m=1,2,\cdots,M\}$，$\forall\, t \geqslant 0$，其中，$M$ 为系统中不同时滞的个数，并且 $\tau_m(t)$ 满足

$$0 \leqslant \tau_m(t) \leqslant d_m, \quad \dot{\tau}_m(t) \leqslant \mu_m, \tag{5.4}$$

式中，$d_m>0$，$\mu_m>0$ 是已知常数。假设系统 (5.1) 的初始值在区间 $[-d_m,0]$ 上满足条件$\phi(t)=\xi_i^{(k)}(0)$。

在高阶多智能体系统(5.1)中，设

$$\zeta_i(t)=[\xi_i^{(0)}(t),\xi_i^{(1)}(t),\cdots,\xi_i^{(l-1)}(t)]^{\mathrm{T}}\in\mathbb{R}^l,\quad i\in\mathscr{I}$$

记

$$\zeta(t)=[\zeta_1^{\mathrm{T}}(t),\zeta_2^{\mathrm{T}}(t),\cdots,\zeta_n^{\mathrm{T}}(t)]^{\mathrm{T}}\in\mathbb{R}^{nl},$$

$$\boldsymbol{A}=\begin{bmatrix}\mathbf{0}\ \mathbf{I}_{l-1}\\ 0\quad \Xi^{\mathrm{T}}\end{bmatrix}_{l\times l},\quad \Xi=[-\kappa_1\ -\kappa_2\cdots-\kappa_{l-1}]^{\mathrm{T}},$$

$$\boldsymbol{B}_1=\begin{bmatrix}\mathbf{0} & \mathbf{0}_{l-1}\\ \kappa_0 & 0\end{bmatrix}_{l\times l},$$

$$\boldsymbol{B}_2=\begin{bmatrix}\mathbf{0}\\ 1\end{bmatrix}_{l\times 1}$$

利用控制协议(5.3)，可得有向变拓扑结构下的系统动态为

$$\dot{\zeta}(t)=(I_n\otimes\boldsymbol{A})\zeta(t)-(\sum_{m=1}^{M}\boldsymbol{L}_{\sigma m}\otimes\boldsymbol{B}_1)\zeta[t-\tau_m(t)]+(I_n\otimes\boldsymbol{B}_2)\omega(t),\tag{5.5}$$

其中，$\omega(t)=[\omega_1(t)\ \omega_2(t)\cdots\omega_n(t)]^{\mathrm{T}}\in\mathbb{R}^n$是系统的外部干扰，$\sum_{m=1}^{M}L_{\sigma m}=L_\sigma$，$L_\sigma$是切换图$\mathscr{G}_\sigma$的Laplacian矩阵。图$\mathscr{G}_\sigma$是变拓扑集合$\bar{\mathscr{G}}$的一个子图，映射$\sigma:[0,+\infty)\to Z=\{1,2,\cdots,s\}$ 表示 $t$ 时刻的切换信号，它决定了拓扑的结构，$s$ 表示所有可能有向图的数目。

特别地，当通信时滞为一致时变时滞时，系统动态为

$$\dot{\zeta}(t)=(I_n\otimes\boldsymbol{A})\zeta(t)-(L_\sigma\otimes\boldsymbol{B}_1)\zeta[t-\tau(t)]+(I_n\otimes\boldsymbol{B}_2)\omega(t)\tag{5.6}$$

## 5.4　高阶时变时滞多智能体系统的一致性控制

这一节通过设计不同的 Lyapunov 函数，分别研究了高阶通信时滞随时间变化的多智能体系统在时滞一致和不一致条件下的状态一致性条件。在给出主要结论前，先介绍本章所用引理及主要研究方法——树型变换方法。

**引理 5.1 ([62])：** 对于任一实可微向量$x(t)\in\mathbb{R}^n$和任一$n\times n$阶常数矩阵$\boldsymbol{W}=\boldsymbol{W}^{\mathrm{T}}>0$，有以下不等式成立：

$$d_m^{-1}\{x(t)-x[t-\tau_m(t)]\}^{\mathrm{T}}\boldsymbol{W}\{x(t)-x[t-\tau_m(t)]\}\leqslant\int_{t-\tau_m(t)}^{t}\dot{x}^{\mathrm{T}}(s)\dot{x}(s)\mathrm{d}s,\quad\forall t\geqslant 0\tag{5.7}$$

其中，$\tau_m(t)$满足条件 (5.4)。

### 5.4.1 模型变换及问题转化

由于 $\boldsymbol{L}_{\sigma(t)}$ 的奇异性，可能导致多智能体系统 (5.5) 不稳定，因此，我们需要对其进行模型变换。本章采用树型变换方法完成这一工作，同时将系统(5.5)的一致性问题进行转化。下面先介绍该方法的基本思想。

设一个有向树图为 $\mathscr{T}=(\mathscr{V},\varepsilon(\mathscr{T}),\mathscr{A}(\mathscr{T}))$，根据树型变换 $\mathbb{L}_{\mathscr{T}}$ 的定义，对高阶多智能体系统进行如下变换

$$y_{ij}^{(k)}(t)=\zeta_i^{(k)}(t)-\zeta_j^{(k)}(t),\quad(s_i,\,s_j)\in\varepsilon(\mathscr{T}),\quad k=0,1,\cdots,l-1\tag{5.8}$$

可以看出，$y_{ij}^{(k)}(t)$ 描述了智能体之间的不一致性。令向量 $Y_{\mathscr{T}}$ 为由上式定义的元素 $y_{ij}^{(k)}(t)$ 构成的一个不一致列向量。当树图 $\mathscr{T}$ 中包含 $n$ 个节点时，$Y_{\mathscr{T}}\in\mathbb{R}^{n-1}$。

对于一致性问题的研究，由文献[65]中命题 1 可知，任意具有相同节点的有向树图作树型变换后，所得系统等价。不失一般性，本文取有向树图 $\mathscr{T}_1$，设其根节点为 $s_1$，其余子节点分别为 $s_2,\cdots,s_n$。基于此图，构造树型变换为

$$y_i^{(k)}(t)=\zeta_i^{(k)}(t)-\zeta_1^{(k)}(t),\quad k=0,1,\cdots,l-1,\ i=2,3,\cdots,n\tag{5.9}$$

记

$$\begin{aligned}y_i(t)=&[y_i^{(0)}(t),y_i^{(1)}(t),\cdots,y_i^{(l-1)}(t)]^{\mathrm{T}}\in\mathbb{R}^l,\\Y_{\mathscr{T}_1}=&y(t)=[y_2^{\mathrm{T}}(t),y_3^{\mathrm{T}}(t),\cdots,y_n^{\mathrm{T}}(t)]^{\mathrm{T}}\in\mathbb{R}^{(n-1)l}\end{aligned}$$

显然，高阶多智能体系统达到一致当且仅当 $\lim\limits_{t\to+\infty}y(t)=0$。

由式(5.9)可得

$$\begin{aligned}y(t)=&(\boldsymbol{E}\otimes\boldsymbol{I}_l)\zeta(t),\\\zeta(t)=&(\boldsymbol{1}\otimes\boldsymbol{I}_l)\zeta_1(t)+(\boldsymbol{F}\otimes\boldsymbol{I}_l)y(t),\end{aligned}\tag{5.10}$$

其中，$\boldsymbol{E}=[-\boldsymbol{1}_{n-1}\quad \boldsymbol{I}_{n-1}]$，$\boldsymbol{F}=\begin{bmatrix}\boldsymbol{0}_{n-1}^{\mathrm{T}}\\ \boldsymbol{I}_{n-1}\end{bmatrix}$。

由于 $\boldsymbol{E}\boldsymbol{1}=\boldsymbol{0}$，$\boldsymbol{L}_{\sigma m}\boldsymbol{1}=0$，结合式(5.10)，可得与系统(5.5)等价的降阶系统动态方程为

$$\dot{y}(t)=[(\boldsymbol{E}\boldsymbol{F})\otimes\boldsymbol{A}]y(t)-\sum_{m=1}^{M}[(\boldsymbol{E}\boldsymbol{L}_{\sigma m}\boldsymbol{F})\otimes\boldsymbol{B}_1]y[t-\tau_m(t)]+(\boldsymbol{E}\otimes\boldsymbol{B}_2)\omega(t) \tag{5.11}$$

根据文献 [65] 中注释2，可得到如下引理：

**引理 5.2：** 矩阵 $(\boldsymbol{E}\boldsymbol{F})\otimes\boldsymbol{A}-\sum_{m=1}^{M}(\boldsymbol{E}\boldsymbol{L}_{\sigma m}\boldsymbol{F})\otimes\boldsymbol{B}_1$ 是 Hurwitz 稳定矩阵当且仅当切换图 $\mathscr{G}_\sigma$ 包含生成树。其中，$\boldsymbol{L}_\sigma=\sum_{m=1}^{M}\boldsymbol{L}_{\sigma m}$ 是图 $\mathscr{G}_\sigma$ 的 Laplacian 矩阵。

定义被控输出为系统 (5.9) 状态变量 $y(t)$，即

$$z(t)=\boldsymbol{C}y(t) \tag{5.12}$$

其中，$\boldsymbol{C}\in\mathbb{R}^{(n-1)\times(n-1)}$ 是加权矩阵，由 $n-1$ 个加权系数 $c_i$ 构成，即 $\boldsymbol{C}=\mathrm{diag}\{c_2,c_3,\cdots,c_n\}$，通过对状态 $y_i(t)$ 设定不同的 $c_i\ (i=2,3,\cdots,n)$ 来完成对输出 $z(t)$ 的控制。

因此，设计控制协议 $u_i(t)$ 的目的是在没有外部干扰的情况下，高阶多智能体系统能够达到渐近稳定；在零初始条件下，对抑制扰动性能指标 $\gamma>0$，系统的闭环传递函数 $\boldsymbol{T}_{z\omega}(s)$ 满足$\|\boldsymbol{T}_{z\omega}(s)\|_{L_2-L_\infty}<\gamma$。其中，$\|\boldsymbol{T}_{z\omega}(s)\|_{L_2-L_\infty}$ 的定义见第2章中式 (2.7) 。

这样，具有时变时滞的高阶多智能体系统 (5.1) 的一致性问题就转化为由式 (5.11) 和式 (5.12) 构成的等价降阶系统满足性能指标 $\gamma$ 的$L_2-L_\infty$控制问题。

令

$$\begin{aligned}x_m(t)&=y[t-\tau_m(t)]-y(t),\\ \boldsymbol{A}_{\sigma m}&=(\boldsymbol{E}\boldsymbol{F})\otimes\boldsymbol{A}-\sum_{m=1}^{M}(\boldsymbol{E}\boldsymbol{L}_{\sigma m}\boldsymbol{F})\otimes\boldsymbol{B}_1,\\ \boldsymbol{B}_{1\sigma m}&=\sum_{m=1}^{M}(\boldsymbol{E}\boldsymbol{L}_{\sigma m}\boldsymbol{F})\otimes\boldsymbol{B}_1,\\ \boldsymbol{D}&=\boldsymbol{E}\otimes\boldsymbol{B}_2\end{aligned}$$

则系统 (5.11) 可以重写为

$$\dot{y}(t)=\boldsymbol{A}_\sigma y(t)-\sum_{m=1}^{M}\boldsymbol{B}_{1\sigma m}x_m(t)+\boldsymbol{D}\omega(t), \tag{5.13}$$

式中，$\boldsymbol{A}_\sigma = \sum_{m=1}^{M} \boldsymbol{A}_{\sigma m}$。

特别地，当时变时滞在一致的情况下，上式可以简化为

$$\dot{y}(t) = \boldsymbol{A}_{\sigma(t)} y(t) - \boldsymbol{B}_{1\sigma(t)} x(t) + \boldsymbol{D}\omega(t) \tag{5.14}$$

式中，$x(t) = y[t-\tau(t)] - y(t)$，$\boldsymbol{A}_{\sigma(t)} = (\boldsymbol{EF}) \otimes \boldsymbol{A} - (\boldsymbol{EL}_{\sigma(t)}\boldsymbol{F}) \otimes \boldsymbol{B}_1, \boldsymbol{B}_{1\sigma(t)} = (\boldsymbol{EL}_{\sigma(t)}\boldsymbol{F}) \otimes \boldsymbol{B}_1$。其中，一致时滞 $\tau(t)$ 满足条件 $0 \leqslant \tau(t) \leqslant d$，$d > 0$ 为正常数。

### 5.4.2 一致时变时滞系统

这一小节，首先研究较为简单的具有一致时变时滞情况下高阶多智能体系统 (5.14) 的一致性条件。

**定理 5.1：** 考虑变拓扑情况下受到外部干扰的高阶有向多智能体系统 (5.14)，每个切换拓扑都包含生成树，并具有满足条件 $0 \leqslant \tau(t) \leqslant d$ 的一致时滞，其中，$d > 0$为线性矩阵不等式(5.15)的最优解。对任意切换信号$\sigma(t)$，如果存在正定矩阵$\boldsymbol{P}, \boldsymbol{Q} \in \mathbb{R}^{(n-1)l \times (n-1)l}$满足

$$\boldsymbol{\Phi}_\sigma = \begin{bmatrix} \boldsymbol{PA}_{\sigma(t)} + \boldsymbol{A}_{\sigma(t)}^{\mathrm{T}}\boldsymbol{P} & -\boldsymbol{PB}_{1\sigma(t)} & \boldsymbol{PD} & d\boldsymbol{A}_{\sigma(t)}^{\mathrm{T}}\boldsymbol{Q} \\ * & -\boldsymbol{Q} & \boldsymbol{0}_{(n-1)l} & -d\boldsymbol{B}_{1\sigma(t)}^{\mathrm{T}}\boldsymbol{Q} \\ * & * & -\gamma \boldsymbol{I}_{(n-1)l} & d\boldsymbol{D}^{\mathrm{T}}\boldsymbol{Q} \\ * & * & * & -\boldsymbol{Q} \end{bmatrix} < \boldsymbol{0},$$
$$\begin{bmatrix} -\boldsymbol{P} & (\boldsymbol{C} \otimes \boldsymbol{I}_l)^{\mathrm{T}} \\ * & -\gamma \boldsymbol{I}_{(n-1)l} \end{bmatrix} < \boldsymbol{0}, \tag{5.15}$$

则高阶多智能体系统(5.1)能够达到具有期望抑制干扰能力$\|\boldsymbol{T}_{z\omega}(s)\|_{L_2-L_\infty} < \gamma$的一致性。其中，$\gamma$ 为给定正常数。

**证明：** 为系统(5.14)设计一个 Lyapunov 函数：

$$V(t) = y^{\mathrm{T}}(t)\boldsymbol{P}y(t) + d\int_{t-d}^{t} (s-t+d)\dot{y}^{\mathrm{T}}(s)\boldsymbol{Q}\dot{y}(s)\mathrm{d}s \tag{5.16}$$

首先研究没有外部干扰的情况，根据引理(5.1)，对$V(t)$求导，可得

$$\dot{V}(t) \leqslant y^{\mathrm{T}}(t)(\boldsymbol{PA}_{\sigma(t)} + \boldsymbol{A}_{\sigma(t)}^{\mathrm{T}}\boldsymbol{P})y(t) - 2y^{\mathrm{T}}(t)\boldsymbol{PB}_{1\sigma(t)}x(t) + d^2\dot{y}^{\mathrm{T}}(t)\boldsymbol{Q}\dot{y}(t)$$

$$
\begin{aligned}
&-d\int_{t-d}^{t}\dot{y}^{\mathrm{T}}(s)\boldsymbol{Q}\dot{y}(s)\mathrm{d}s\\
&\leqslant y^{\mathrm{T}}(t)(\boldsymbol{P}\boldsymbol{A}_{\sigma(t)}+\boldsymbol{A}_{\sigma(t)}^{\mathrm{T}}\boldsymbol{P})y(t)-2y^{\mathrm{T}}(t)\boldsymbol{P}\boldsymbol{B}_{1\sigma(t)}x(t)+d^2\dot{y}^{\mathrm{T}}(t)\boldsymbol{Q}\dot{y}(t)-x^{\mathrm{T}}(t)\boldsymbol{Q}x(t)\\
&=y^{\mathrm{T}}(t)(\boldsymbol{P}\boldsymbol{A}_{\sigma(t)}+\boldsymbol{A}_{\sigma(t)}^{\mathrm{T}}\boldsymbol{P})y(t)-2y^{\mathrm{T}}(t)\boldsymbol{P}\boldsymbol{B}_{1\sigma(t)}x(t)+d^2[\boldsymbol{A}_{\sigma(t)}y(t)-\boldsymbol{B}_{1\sigma(t)}x(t)]^{\mathrm{T}}(t)\boldsymbol{Q}\\
&\quad[\boldsymbol{A}_{\sigma(t)}y(t-\boldsymbol{B}_{1\sigma(t)}x(t)]-x^{\mathrm{T}}(t)\boldsymbol{Q}x(t)\\
&=[y^{\mathrm{T}}(t)\ x^{\mathrm{T}}(t)]\boldsymbol{\Pi}_{\sigma}\begin{bmatrix}y(t)\\x(t)\end{bmatrix}
\end{aligned}
$$

式中，

$$
\boldsymbol{\Pi}_{\sigma}=\begin{bmatrix}\boldsymbol{P}\boldsymbol{A}_{\sigma(t)}+\boldsymbol{A}_{\sigma(t)}^{\mathrm{T}}\boldsymbol{P} & -\boldsymbol{P}\boldsymbol{B}_{1\sigma(t)}\\ * & -\boldsymbol{Q}\end{bmatrix}+\begin{bmatrix}d^2\boldsymbol{A}_{\sigma(t)}^{\mathrm{T}}\boldsymbol{A}_{\sigma(t)} & -d^2\boldsymbol{A}_{\sigma(t)}^{\mathrm{T}}\boldsymbol{Q}\boldsymbol{B}_{1\sigma(t)}\\ * & d^2\boldsymbol{B}_{1\sigma(t)}^{\mathrm{T}}\boldsymbol{Q}\boldsymbol{B}_{1\sigma(t)}.\end{bmatrix}
$$

根据式 (5.15)，由引理 3.2，可知 $\boldsymbol{\Pi}_{\sigma}<0$，从而 $\dot{V}(t)<0$，系统 (5.14) 渐近稳定，即 $\lim\limits_{t\to+\infty}y(t)=0$，因此高阶多智能体系统 (5.14) 达到一致。

本章针对工业生产过程中要求被控输出的峰值在一定的范围内的情况，采用 $L_2-L_\infty$ 控制方法。通过对加权矩阵 $\boldsymbol{C}$ 的设定，完成对系统输出的控制。下面讨论具有外部干扰 $\omega(t)$ 的高阶闭环系统 (5.14) 的 $L_2-L_\infty$ 性能。

$$
\begin{aligned}
\dot{V}(t)\leqslant&[y^{\mathrm{T}}(t)\quad x^{\mathrm{T}}(t)]\boldsymbol{\Pi}_{\sigma}\begin{bmatrix}y(t)\\x(t)\end{bmatrix}+2y^{\mathrm{T}}(t)\boldsymbol{P}\boldsymbol{D}\omega(t)+2d^2y^{\mathrm{T}}(t)\boldsymbol{A}_{\sigma(t)}^{\mathrm{T}}\boldsymbol{Q}\boldsymbol{D}\omega(t)-\\
&2d^2y^{\mathrm{T}}[t-\tau(t)]\boldsymbol{B}_{1\sigma(t)}^{\mathrm{T}}\boldsymbol{Q}\boldsymbol{D}\omega(t)+d^2\omega^{\mathrm{T}}(t)\boldsymbol{D}^{\mathrm{T}}\boldsymbol{Q}\boldsymbol{D}\omega(t)\\
=&\varsigma^{\mathrm{T}}(t)\boldsymbol{\Psi}_{\sigma}\varsigma(t)
\end{aligned}
$$

其中，

$$
\boldsymbol{\Psi}_{\sigma}=\begin{bmatrix}\boldsymbol{P}\boldsymbol{A}_{\sigma}+\boldsymbol{A}_{\sigma(t)}^{\mathrm{T}}\boldsymbol{P} & -\boldsymbol{P}\boldsymbol{B}_{1\sigma(t)} & \boldsymbol{P}\boldsymbol{D}\\ * & -\boldsymbol{Q} & \boldsymbol{0}\\ * & * & \boldsymbol{0}\end{bmatrix}
$$

$$
+\begin{bmatrix} dA_{\sigma(t)}^{\mathrm{T}}Q \\ -dB_{1\sigma(t)}^{\mathrm{T}}Q \\ dD^{\mathrm{T}}Q \end{bmatrix} Q^{-1}[dQA_{\sigma(t)} \ \ -dQdB_{1\sigma(t)} \ \ dQD],
$$

$$
\varsigma^{\mathrm{T}}(t)=[y^{\mathrm{T}}(t)\ x^{\mathrm{T}}(t)\ \omega^{\mathrm{T}}(t)]
$$

对任意 $T>0$，定义代价函数

$$
J_T=V(t)-\gamma\int_0^T \omega^{\mathrm{T}}(t)\omega(t)\mathrm{d}t \tag{5.17}
$$

由于在零初始条件 $\phi(t)=0,\ t\in[-d,0]$ 下 $V(0)=0$，可得

$$
\begin{aligned}
J_T&=\int_0^T[\dot{V}(t)-\gamma\omega^{\mathrm{T}}(t)\omega(t)]\mathrm{d}t\\
&\leqslant\int_0^T \varsigma^{\mathrm{T}}(t)[\boldsymbol{\Psi}_\sigma+\mathrm{diag}\{\mathbf{0}_{(n-1)l},\mathbf{0}_{(n-1)l},-\gamma I_{(n-1)l}\}]\varsigma(t)\mathrm{d}t\\
&\triangleq\int_0^T \varsigma^{\mathrm{T}}(t)\boldsymbol{M}_\sigma\varsigma(t)\mathrm{d}t
\end{aligned}
$$

如果定理 5.1 中 $\boldsymbol{\Gamma}_\sigma<0$ 成立，由引理 3.2，可知 $\boldsymbol{M}_\sigma<0$，从而可得 $J_T<0$，即

$$
V(t)<\gamma\int_0^T \omega^{\mathrm{T}}(t)\omega(t)\mathrm{d}t \tag{5.18}
$$

由不等式 (5.15)，可得 $(\boldsymbol{C}\otimes I_l)^{\mathrm{T}}(\boldsymbol{C}\otimes I_l)-\gamma\boldsymbol{P}<0$，从而

$$
\begin{aligned}
z^{\mathrm{T}}(t)z(t)&=y^{\mathrm{T}}(t)(\boldsymbol{C}\otimes I_l)^{\mathrm{T}}(\boldsymbol{C}\otimes I_l)y(t)<\gamma y^{\mathrm{T}}(t)\boldsymbol{P}y(t)\leq\gamma V(t)\\
&<\gamma^2\int_0^T\omega^{\mathrm{T}}(t)\omega(t)\mathrm{d}t\leqslant\gamma^2\int_0^\infty\omega^{\mathrm{T}}(t)\omega(t)\mathrm{d}t\\
&=\gamma^2\|\omega(t)\|_2^2
\end{aligned} \tag{5.19}
$$

取 $z^{\mathrm{T}}(t)z(t)$ 的最大值作为 $\|z(t)\|_\infty^2$，对于任意外部干扰信号 $\omega(t)\in\mathbb{L}_2[0,\infty)$，都有

$$
\|\boldsymbol{T}_{z\omega}(s)\|_{L_2-L_\infty}=\frac{\|z(t)\|_\infty}{\|\omega(t)\|_2}<\gamma \tag{5.20}
$$

因此，高阶多智能体系统 (5.1) 在定理 5.1 条件下能够达到满足期望性能 $\|\boldsymbol{T}_{z\omega}(s)\|_{L_2-L_\infty}<\gamma$ 的一致性。证明完毕。 □

**注释 5.1：** 从定理5.1的证明中可以看出，与文献[76]中使用的模型变换方法相比，树型变换没有增加多智能体系统对拓扑结构及其他方面的要求，同时还简化了系统的降阶过程，使变换过程更加直观，因此对其推广研究十分有意义。

### 5.4.3 不一致时变时滞系统

上一小节研究了一致时滞的情形，本小节将研究不一致时滞的情形，由于不一致时滞涉及不同的拓扑连接情况，系统稳定性分析较一致时滞情形要困难。

**定理 5.2:** 考虑变拓扑情况下受到外部干扰的高阶有向多智能体系统 (5.11)，每个切换拓扑都包含生成树，并具有满足条件 (5.4) 的不一致时滞。对任意切换信号 $\sigma(t)$，如果存在正定矩阵 $\boldsymbol{P}$, $\boldsymbol{Q}_m$, $\boldsymbol{R}_m \in \mathbb{R}^{(n-1)l\times(n-1)l}$ 满足

$$\boldsymbol{\Gamma}_\sigma = \begin{bmatrix} \boldsymbol{\Gamma}_{\sigma 11} & \boldsymbol{\Gamma}_{\sigma 12} & \boldsymbol{\Gamma}_{\sigma 13} \\ * & -\gamma \boldsymbol{I}_{(n-1)l} & \boldsymbol{0}_{(n-1)l} \\ * & * & \boldsymbol{\Gamma}_{\sigma 33} \end{bmatrix} < 0,$$

$$\begin{bmatrix} -\boldsymbol{P} & (\boldsymbol{C}\otimes \boldsymbol{I}_l)^{\mathrm{T}} \\ * & -\gamma \boldsymbol{I}_{(n-1)l} \end{bmatrix} < 0, \tag{5.21}$$

则高阶多智能体系统(5.1)能够达到具有期望抑制干扰能力$\|T_{z\omega}(s)\|_{L_2-L_\infty} < \gamma$的一致性。其中，$\gamma$ 为给定正常数。式中，

$$\boldsymbol{\Gamma}_{\sigma 11} = \begin{bmatrix} \boldsymbol{\Gamma}_{\sigma 11}^{11} \boldsymbol{\Gamma}_{\sigma 11}^{12} \\ * \ \ \boldsymbol{\Gamma}_{\sigma 11}^{22} \end{bmatrix},$$

$$\boldsymbol{\Gamma}_{\sigma 11}^{11} = \boldsymbol{P}\boldsymbol{A}_\sigma + \boldsymbol{A}_\sigma^{\mathrm{T}}\boldsymbol{P},$$

$$\boldsymbol{\Gamma}_{\sigma 11}^{12} = [-\boldsymbol{P}\boldsymbol{B}_{1\sigma 1} \cdots -\boldsymbol{P}\boldsymbol{B}_{1\sigma M}],$$

$$\boldsymbol{\Gamma}_{\sigma 11}^{22} = \mathrm{diag}\{-\frac{\boldsymbol{Q}_1 + (1-\mu_1)\boldsymbol{R}_1}{d_1} \cdots -\frac{\boldsymbol{Q}_M + (1-\mu_M)\boldsymbol{R}_M}{d_M}\},$$

$$\boldsymbol{\Gamma}_{\sigma 12} = [\boldsymbol{D}^{\mathrm{T}}\boldsymbol{P} \ \underbrace{0\cdots 0}_{M}]^{\mathrm{T}},$$

$$\boldsymbol{\Gamma}_{\sigma 13} = \mathrm{diag}\{d_1\beta^{\mathrm{T}}(\boldsymbol{Q}_1+\boldsymbol{R}_1), d_2\beta^{\mathrm{T}}(\boldsymbol{Q}_2+\boldsymbol{R}_2) \cdots d_M\beta^{\mathrm{T}}(\boldsymbol{Q}_M+\boldsymbol{R}_M)\},$$

$$\boldsymbol{\Gamma}_{\sigma 33} = \mathrm{diag}\{-d_1(\boldsymbol{Q}_1+\boldsymbol{R}_1), -d_2(\boldsymbol{Q}_2+\boldsymbol{R}_2), \cdots - d_M(\boldsymbol{Q}_M+\boldsymbol{R}_M)\},$$

$$\beta^{\mathrm{T}} = [\boldsymbol{A}_\sigma \ -\boldsymbol{B}_{1\sigma 1} \cdots -\boldsymbol{B}_{1\sigma M} \ \boldsymbol{D}]^{\mathrm{T}}$$

**证明:** 对于多智能体系统 (5.11)，设计如下 Lyapunov 函数

$$V(t) = y^{\mathrm{T}}(t)\boldsymbol{P}y(t) + \sum_{m=1}^{M}\int_{t-\tau_m}^{t}(s-t+\tau_m)\dot{y}^{\mathrm{T}}(s)\boldsymbol{Q}_m\dot{y}(s)\mathrm{d}s + \sum_{m=1}^{M}\int_{-\tau_m(t)}^{0}\int_{t+\theta}^{t}\dot{y}^{\mathrm{T}}(s)\boldsymbol{R}_m\dot{y}(s)\mathrm{d}s\mathrm{d}\theta, \tag{5.22}$$

式中，$\boldsymbol{P}>0, \boldsymbol{Q}_m>0, \boldsymbol{R}_m>0, m=1,2,\cdots,M$，且$\boldsymbol{P}$, $\boldsymbol{Q}_m$, $\boldsymbol{R}_m \in \mathbb{R}^{(n-1)l\times(n-1)l}$。

仍首先研究无干扰情况下系统的稳定性，由引理 5.1，可得

$$\begin{aligned}
\dot{V}(t) =& y^{\mathrm{T}}(t)(\boldsymbol{P}\boldsymbol{A}_\sigma+\boldsymbol{A}_\sigma^{\mathrm{T}}\boldsymbol{P})y(t)-2y^{\mathrm{T}}(t)\boldsymbol{P}[\sum_{m=1}^{M}\boldsymbol{B}_{1\sigma m}x_m(t)]+\sum_{m=1}^{M}\tau_m\dot{y}^{\mathrm{T}}(t)\boldsymbol{Q}_m\dot{y}(t)- \\
&\sum_{m=1}^{M}\int_{t-\tau_m}^{t}\dot{y}^{\mathrm{T}}(s)\boldsymbol{Q}_m\dot{y}(s)\mathrm{d}s+\sum_{m=1}^{M}\tau_m(t)\dot{y}^{T}(t)\boldsymbol{R}_m\dot{y}(t)- \\
&\sum_{m=1}^{M}[1-\dot{\tau}_m(t)]\int_{t-\tau_m(t)}^{t}\dot{y}^{\mathrm{T}}(s)\boldsymbol{R}_m\dot{y}(s)\mathrm{d}s \\
\leqslant & y^{\mathrm{T}}(t)(\boldsymbol{P}\boldsymbol{A}_\sigma+\boldsymbol{A}_\sigma^{\mathrm{T}}\boldsymbol{P})y(t)-2y^{\mathrm{T}}(t)\boldsymbol{P}[\sum_{m=1}^{M}\boldsymbol{B}_{1\sigma m}x_m(t)]+\sum_{m=1}^{M}d_m[\boldsymbol{A}_\sigma y(t)- \\
&\sum_{m=1}^{M}\boldsymbol{B}_{1\sigma m}x_m(t)]^{\mathrm{T}}(\boldsymbol{Q}_m+\boldsymbol{R}_m)[\boldsymbol{A}_\sigma y(t)-\sum_{m=1}^{M}\boldsymbol{B}_{1\sigma m}x_m(t)]-\sum_{m=1}^{M}d_m^{-1}x_m^{\mathrm{T}}(t)\boldsymbol{Q}_m x_m(t)- \\
&\sum_{m=1}^{M}\frac{1-\mu_m}{d_m}x_m^{\mathrm{T}}(t)\boldsymbol{R}_m x_m(t) \\
=& [y^{\mathrm{T}}(t)\ z^{\mathrm{T}}(t)]\boldsymbol{\Omega}_\sigma\begin{bmatrix} y(t) \\ z(t)\end{bmatrix}
\end{aligned}$$

式中，

$$z^{\mathrm{T}}(t)=[x_1^{\mathrm{T}}(t)\ x_2^{\mathrm{T}}(t)\cdots x_M^{\mathrm{T}}(t)],$$

$$\boldsymbol{\Omega}_\sigma=\begin{bmatrix}
\boldsymbol{P}\boldsymbol{A}_\sigma+\boldsymbol{A}_\sigma^{\mathrm{T}}\boldsymbol{P} & -\boldsymbol{P}\boldsymbol{B}_{1\sigma 1} & \cdots & -\boldsymbol{P}\boldsymbol{B}_{1\sigma M} \\
* & -\dfrac{\boldsymbol{Q}_1+(1-\mu_1)\boldsymbol{R}_1}{d_1} & \cdots & 0 \\
\vdots & \vdots & \ddots & \vdots \\
* & * & \cdots & -\dfrac{\boldsymbol{Q}_M+(1-\mu_M)\boldsymbol{R}_M}{d_M}
\end{bmatrix}+\alpha^{\mathrm{T}}[\sum_{m=1}^{M}d_m(\boldsymbol{Q}_m+\boldsymbol{R}_m)]\alpha,$$

$$\alpha^{\mathrm{T}}=[\boldsymbol{A}_\sigma\ \ -\boldsymbol{B}_{1\sigma 1}\cdots-\boldsymbol{B}_{1\sigma M}]^{\mathrm{T}}$$

由定理 (5.2) 中条件 (5.21)，根据引理 3.2，可知 $\boldsymbol{\Omega}_\sigma<0$，显然，$\dot{V}(t)<0$ 成立。因此，无干扰下的高阶多智能体系统渐近稳定，即所有智能体能够达到一致。

下面考虑了受到外部干扰 $\omega(t)$ 的多智能体系统的 $L_2-L_\infty$ 性能。

$$\dot{V}(t)\leqslant[y^{\mathrm{T}}(t)\ z^{\mathrm{T}}(t)]\boldsymbol{\Omega}_\sigma\begin{bmatrix} y(t) \\ z(t)\end{bmatrix}+2y^{\mathrm{T}}(t)\boldsymbol{P}\boldsymbol{D}\omega(t)+2\sum_{m=1}^{M}d_m y^{\mathrm{T}}(t)\boldsymbol{A}_\sigma^{\mathrm{T}}(\boldsymbol{Q}_m+\boldsymbol{R}_m)\boldsymbol{D}\omega(t)- \tag{5.23}$$

$$
2\sum_{m=1}^{M} d_m[\sum_{m=1}^{M} x_m^{\mathrm{T}}(t)\boldsymbol{B}_{1\sigma m}^{\mathrm{T}}](\boldsymbol{Q}_m+\boldsymbol{R}_m)\boldsymbol{D}\omega(t)+\sum_{m=1}^{M} d_m\omega^{\mathrm{T}}(t)\boldsymbol{D}^{\mathrm{T}}(\boldsymbol{Q}_m+\boldsymbol{R}_m)\boldsymbol{D}\omega(t).
$$

$$
=\varsigma^{\mathrm{T}}(t)\bar{\boldsymbol{\Phi}}_\sigma\varsigma(t)
$$

式中，

$$
\varsigma^{\mathrm{T}}(t)=\ [y^{\mathrm{T}}(t)\ x_1^{\mathrm{T}}(t)\cdots x_M^{\mathrm{T}}(t)\ \omega^{\mathrm{T}}(t)]
$$

$$
\bar{\boldsymbol{\Phi}}_\sigma=\begin{bmatrix} \boldsymbol{P}\boldsymbol{A}_\sigma+\boldsymbol{A}_\sigma^{\mathrm{T}}\boldsymbol{P} & -\boldsymbol{P}\boldsymbol{B}_{1\sigma 1} & \cdots & -\boldsymbol{P}\boldsymbol{B}_{1\sigma M} & \boldsymbol{P}\boldsymbol{D} \\ * & -\dfrac{\boldsymbol{Q}_1+(1-\mu_1)\boldsymbol{R}_1}{d_1} & \cdots & 0 & 0 \\ \vdots & \vdots & \ddots & \vdots & \vdots \\ * & * & \cdots & -\dfrac{\boldsymbol{Q}_M+(1-\mu_M)\boldsymbol{R}_M}{d_M} & 0 \\ * & * & \cdots & * & 0 \end{bmatrix}+
$$

$$
\beta^{\mathrm{T}}[\sum_{m=1}^{M} d_m(\boldsymbol{Q}_m+\boldsymbol{R}_m)]\beta
$$

下面的证明与定理 (5.1) 类似，因此省略。 □

**注释 5.2:** 由引理 5.2 可知，矩阵$(\boldsymbol{E}\boldsymbol{F})\otimes\boldsymbol{A}-\sum_{m=1}^{M}(\boldsymbol{E}\boldsymbol{L}_{\sigma m}\boldsymbol{F})\otimes\boldsymbol{B}_1$是Hurwitz稳定的。也就是说，存在正定矩阵 $\boldsymbol{P}$，使得 $\boldsymbol{P}\boldsymbol{A}_\sigma+\boldsymbol{A}_\sigma^{\mathrm{T}}\boldsymbol{P}<0$ 成立。另外，取 $\boldsymbol{Q}_m=d^{-1}\boldsymbol{I}_{n-1}$, $m=1,2,\cdots,M$，其中，$d$ 是一个确定的常数，并满足条件 $0<d_m<d$，对于充分小的 $d>0$，易知不等式 (5.21) 有可行解。

## 5.5 仿真实例

为验证结论的正确性，将本书所提一致性协议应用到变拓扑变时滞网络下包含六个智能体的系统中。该多智能体系统三阶动态模型为

$$
\begin{aligned}
&\dot{x}_i(t)=v_i(t),\\
&\dot{v}_i(t)=a_i(t),\\
&\dot{a}_i(t)=-\kappa_1 v_i(t)-\kappa_2 a_i(t)+\kappa_0\sum_{j\in\mathcal{N}_i(t)} a_{ij}\{[x_j(t-\tau(t))-\eta_j]-[x_i(t-\tau(t))-\eta_i]\},
\end{aligned}
$$

$$
\begin{aligned}
z_i^{(0)}(t) &= c_i[x_i(t) - \frac{1}{n}\sum_{j=1}^{n} x_j(t)], \\
z_i^{(1)}(t) &= c_i[v_i(t) - \frac{1}{n}\sum_{j=1}^{n} v_j(t)], \\
z_i^{(2)}(t) &= c_i[a_i(t) - \frac{1}{n}\sum_{j=1}^{n} a_j(t)],\ i = 1,2,3,4,5,6
\end{aligned}
$$

其中，$x_i(t)$、$v_i(t)$ 和 $a_i(t)$ 分别表示第 $i$ 个智能体的位置、速度和加速度状态。$\eta_i$ 是期望的编队间隔，在一致时滞情形下，令 $\eta_i \neq 0$；而在不一致时滞情形下，令 $\eta_i = 0$。$\omega_i(t)$ 是有限能量的外部干扰，这里选为脉冲信号，作用时间为 2 s。$\kappa_k\ (k = 0,1,2)$ 为控制参数。同时，设定各智能体的加权系数分别为：$c_1 = 0.2$，$c_2 = 0.5$，$c_3 = 1$，$c_4 = 1.2$，$c_5 = 1.5$，$c_6 = 0.1$。

假设四个有向拓扑结构图如图 5-1 所示。从 $G_a$ 开始，切换顺序依次为 $G_a \to G_b \to G_c \to G_d \to G_a$，各边权值均为 1。取期望性能指标 $\gamma = 1$，取控制参数分别为 $\kappa_0 = 1$，$\kappa_1 = 2$，$\kappa_2 = 3$，由定理5.2可解得最大时滞为 $d = 0.6939\,s$。

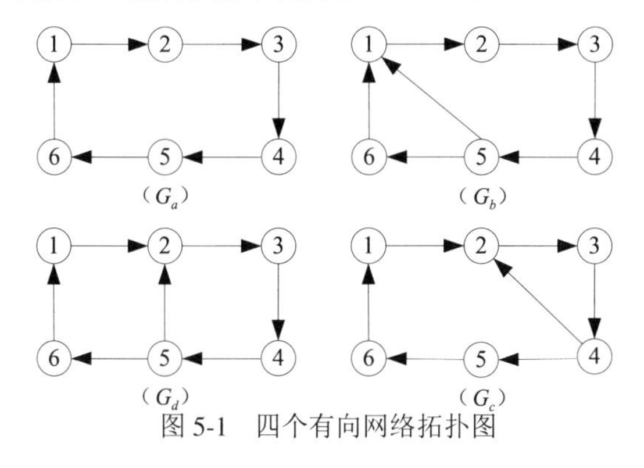


图 5-1　四个有向网络拓扑图

取一致时滞为 $\tau(t) = 0.5 + 0.3\cos(t)$ 对编队控制进行仿真，设智能体 1 为系统参考节点，编队间隔为 3，则 $\eta_1 = 0$。系统在无干扰的情况下，位置轨迹曲线如图 5-2 所示，速度和加速度轨迹曲线分别如图 5-3 和图 5-4 所示。可见，在位置达到期望编队形式时，速度和加速度均为 0，编队队形可以保持。当存在干扰 $\omega(t)$ 时，系统被控输出 $z(t)$ 的峰值曲线与外部干扰 $\omega(t)$ 的能量曲线如图 5-5 所示，可以看出系统对外部干扰的抑制能力满足期望性能指标 $\|T_{z\omega}(s)\|_{L_2-L_\infty} < \gamma$。

在不一致时滞情况下，假定 $\tau_{12} = \tau_{23} = \tau_{34} = \tau_{45} = \tau_{56} = \tau_{61} = 0.15 + 0.5\sin(t)$，$\tau_{51} = 0.2 + 0.5\sin(t)$，$\tau_{42} = 0.25 + 0.5\sin(t)$，且$\tau_{52} = 0.3 + 0.5\sin(t)$。通过简单计算，不等式 (5.21) 具有可行解。系统在无干扰的情况下，位置、速度和加速度轨迹曲线分别

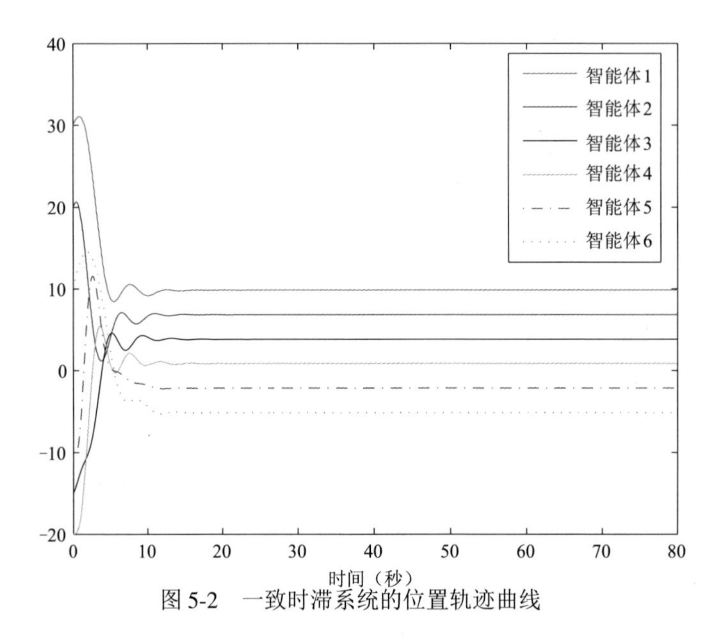


图 5-2　一致时滞系统的位置轨迹曲线

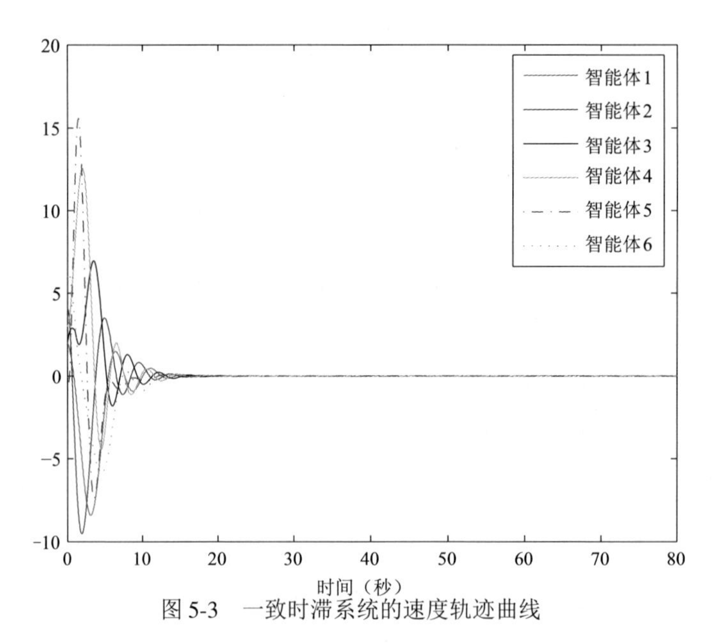


图 5-3　一致时滞系统的速度轨迹曲线

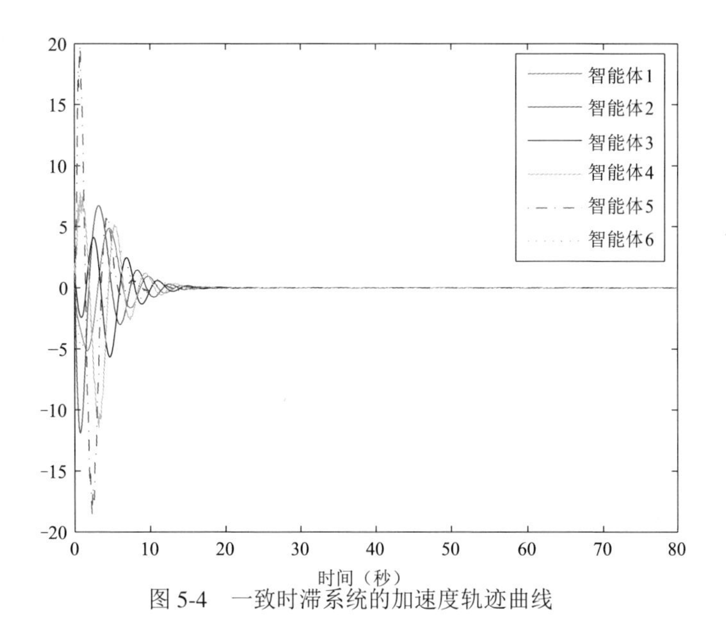


图 5-4　一致时滞系统的加速度轨迹曲线

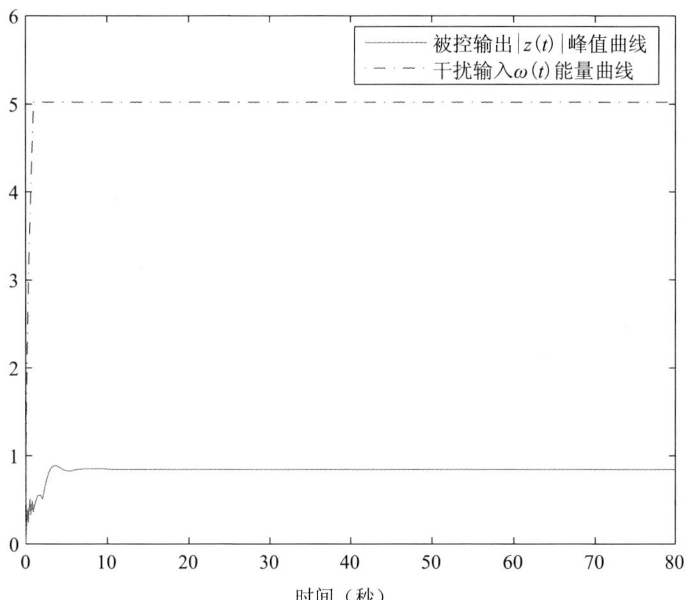


图 5-5　一致时滞系统的被控输出$z(t)$峰值曲线和干扰输入$\omega(t)$能量曲线

如图 5-6、图 5-7 和图 5-8 所示。当存在干扰 $\omega(t)$ 时，系统被控输出 $z(t)$ 的峰值曲线与外部干扰 $\omega(t)$ 的能量曲线如图 5-9 所示，可以看出系统对外部干扰的抑制能力满足期望性能指标 $\|T_{z\omega}(s)\|_{L_2-L_\infty}<\gamma$。

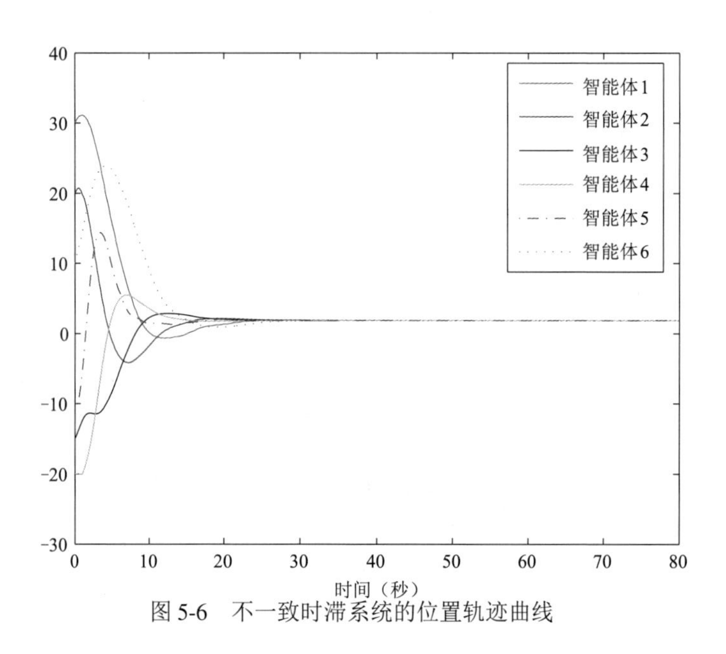


图 5-6　不一致时滞系统的位置轨迹曲线

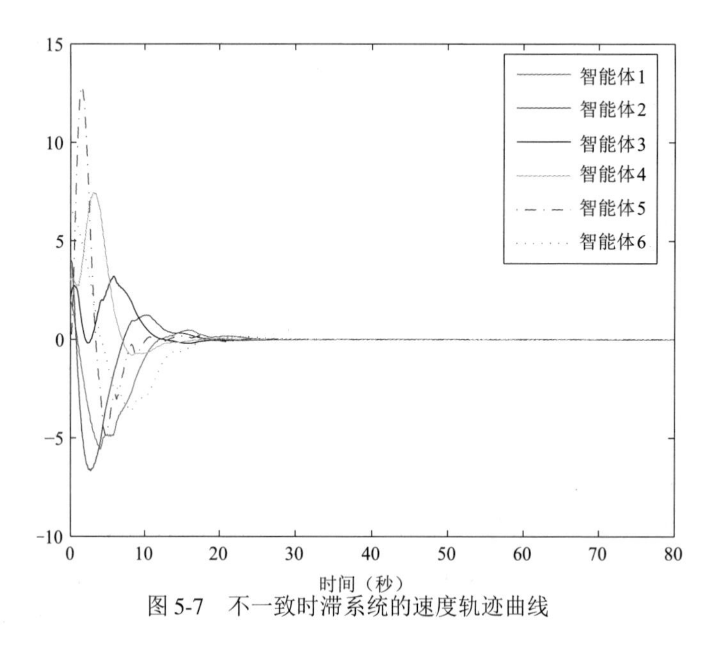


图 5-7　不一致时滞系统的速度轨迹曲线

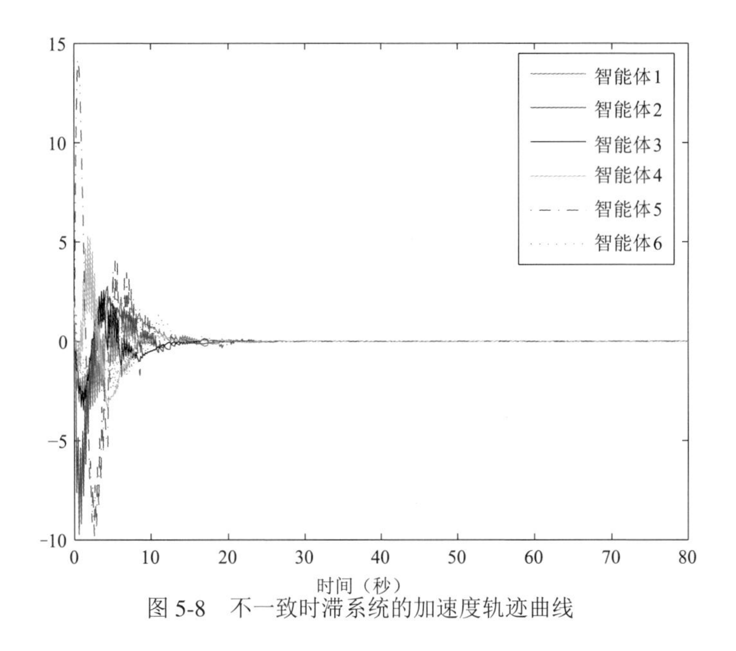

图 5-8　不一致时滞系统的加速度轨迹曲线

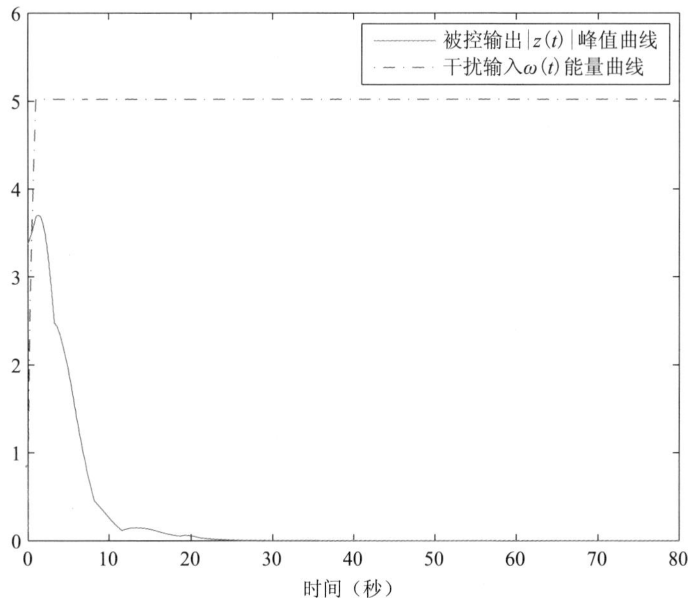

图 5-9　不一致时滞系统的被控输出$z(t)$峰值曲线和干扰输入$\omega(t)$能量曲线

## 5.6　本章小节

本章使用树型变换方法研究了具有时变时滞的变结构高阶多智能体系统一致性问题，分别考虑了一致时滞和不一致时滞情况下的一致性条件，并在一致情况下求得最大容许时滞。从分析过程中可看出，树型变换方法是一种简单有效的模型变换方法。值得注意的是，本章所得定理条件要求每个拓扑图都包含生成树，将其推广到联合有生成树的情形是将来的重点研究方向。

# 第6章　非线性多智能体系统自适应一致性控制

本章针对非线性动态的多智能体系统，研究其具有未知参数的自适应一致性问题，使用模型参考自适应方法设计了一个分布式自适应控制器，使系统输出达到渐近一致。接着考虑了受到未知扰动影响的系统，给出了具有扰动估计的分布式自适应控制器，并得到确保多智能体系统自适应一致性获得的充分条件。此外，通过构建Lyapunov函数，保证系统稳定。最后数值仿真验证了本章所设计控制器的合理性和所得结论的有效性。

## 6.1　引言

前面内容都是研究多智能体系统的一致性控制，其动态模型大多为线性微分方程，且模型要求为精确可知。然而在自然界和工程领域，非线性动态是最普遍的状态，因此，对于非线性多智能体系统的研究是十分必要的。在文献[80]中，Moreau讨论了由 $n$ 个智能体组成的离散时间非线性多智能体系统，利用Lyapunov理论给出了多智能体系统实现一致的充分必要条件。Paparchristodoulou等人[104]研究了具有非线性动态的多智能体系统一致性，考虑了通信时滞对系统的影响，并把所得结论应用到振荡器同步问题。在文献[105]中，Yu等人研究了二阶非线性多智能体系统的一致性控制问题，进一步考虑了速度随时间变化的情形下，系统的位置和速度达到渐近一致的条件，并引入广义代数连通性这一新概念来描述多智能体系统收敛能力。

在控制领域，对线性多智能体系统的研究理论已较为成熟，但对于具有未知非线性动态的系统的研究还在探索阶段。近年来，自适应控制由于其具有在线监测、实时调整和响应快速及时等特点，已被广泛应用于非线性系统一致性的控制中。例如，Min等人[84]研究了具有未知参数的非线性网络化的Euler-Lagrange机械系统，通过建立一个统一的无源性结构，提出自适应一致性控制协议，考虑了时滞耦合和拓扑结构变化的情形，在参数未知情况下得到系统状态达到一致的条件，并证明了参数的估计误差趋于零。

本章使用模型参考自适应的方法研究了非线性多智能体系统的一致性控制问题，考虑了具有非线性动态和未知参数的系统，以及受到外部干扰的非线性系统，使被控对象的系统状态与参考模型的状态达到一致，从而实现整个多智能体系统所有状态的一致。

本章的其余部分安排如下。第6.2节对所研究的非线性多智能体系统的一致性问题进行了描述。第6.3节根据模型参考自适应方法设计了分布式控制器，给出两个实现系统状态一致的条件。第6.4节中给出了仿真实例来验证所设计自适应控制器的合理性。最后，第6.5节对本章内容进行了小结。

## 6.2　问题描述

设系统的参考模型为

$$\dot{x}_m(t)=\boldsymbol{A}_m x_m(t)+\boldsymbol{B}u_r(t), \tag{6.1}$$

式中，$x_m(t)\in\mathbb{R}^n$表示参考模型的状态向量，$u_r(t)\in\mathbb{R}^m$是参考输入，$\boldsymbol{A}_m$ 和 $\boldsymbol{B}$ 是具有适当维数的已知矩阵。假设$(\boldsymbol{A}_m,\boldsymbol{B})$是可稳定的，不失一般性，令 $\boldsymbol{B}$ 为列满秩矩阵。

在本章中，关于被控对象考虑了两种情况：一是由式(6.2) 描述具有 $n$ 个独立智能体的多智能体系统，每个智能体都可以看作图 $\mathscr{G}$ 的一个节点，则第 $i$ $(i\in\mathscr{I})$个智能体的非线性动态特性可表示为如下向量微分方程

$$\dot{x}_i(t)=\boldsymbol{A}_{1i}x_i(t)+\boldsymbol{A}_{2i}f_i[x_i(t)]+\boldsymbol{B}u_i(t), \tag{6.2}$$

式中，$x_i(t)\in\mathbb{R}^n$ 表示第 $i$ 个智能体的状态，$f_i[x_i(t)]\in\mathbb{R}^q$ 表示具有有界约束的已知非线性函数，$u(t)\in\mathbb{R}^m$ 是控制输入或控制协议。$\boldsymbol{A}_{1i}$ 和 $\boldsymbol{A}_{2i}$ 均为未知矩阵。

另外一种情况，是具有非线性动态和未知干扰的多智能体系统，第 $i$ $(i\in\mathscr{I})$个智能体的动态模型为

$$\dot{x}_i(t)=\boldsymbol{A}_{1i}x_i(t)+\boldsymbol{A}_{2i}f_i[x_i(t)]+\boldsymbol{B}[u_i(t)+\omega_i], \tag{6.3}$$

式中，$\omega_i\in\mathbb{R}^m$ 表示未知常数扰动。

这里我们令参考模型与$n$个智能体所组成的图为$\tilde{\mathscr{G}}(\mathscr{N},\varepsilon)$, 其中，$\mathscr{N}=m,1,\cdots,n$为图$\tilde{\mathscr{G}}$的节点集，$\varepsilon\subseteq\mathscr{N}\times\mathscr{N}$为图$\tilde{\mathscr{G}}$的边集。

本章的研究目的是设计自适应控制律 $u_i(t)$，使系统状态与模型状态达到渐近一致，即

$$\lim_{t\to+\infty}[x_i(t)-x_m(t)]=0, \tag{6.4}$$

因此，多智能体系统达到渐近一致当且仅当对于任意 $i \in \mathscr{I}$ 都有(6.4)式成立。

**引理 6.1：** [Barbalat引理(文献[150])] 若$h(\cdot): \mathbb{R} \to \mathbb{R}$为一致连续可积函数且有界，即

$$\int_0^{\infty} h(t)\mathrm{d}t < \infty,$$

则有

$$\lim_{t \to \infty} h(t) = 0$$

**推论 6.1：** 如果 $g(t), \dot{g}(t) \in L_\infty$ 且为有界函数，并且 $g(t) \in L_2$，则有

$$\lim_{t \to +\infty} g(t) = 0$$

**证明：** 令 $h(t) = g^2(t)$，由于 $g(t), \dot{g}(t) \in L_\infty$ 有界，则 $h(t)$ 是一致连续的；$g(t) \in L_2$，所以有

$$\int_0^{+\infty} g^2(t)\mathrm{d}t = \int_0^{+\infty} h(t)\mathrm{d}t < +\infty,$$

由Barbalat引理可得

$$\lim_{t \to +\infty} h(t) = 0, \qquad \lim_{t \to +\infty} g(t) = 0$$

□

**引理 6.2：** [矩阵迹的性质] 设矩阵 $\boldsymbol{A}$ 是 $n$ 阶方阵，记 $\boldsymbol{A}$ 的迹为 $\mathrm{tr}(\boldsymbol{A})$，对任意非零 $n$ 维列向量 $x$ 和 $y$，都有 $\mathrm{tr}\boldsymbol{A}^{\mathrm{T}} = \mathrm{tr}(\boldsymbol{A})$，且 $x^{\mathrm{T}}\boldsymbol{A}y = \mathrm{tr}(yx^{\mathrm{T}}\boldsymbol{A})$。

## 6.3 非线性多智能体系统的一致性条件

为解决这类特殊多智能体系统的一致性问题，本章做如下假设。

**假设 6.1：** 多智能体系统的通信拓扑包含生成树，并且各个智能体之间的通信连接是无向或双向的。

**假设 6.2：** 无向图 $\mathscr{G}$ 邻接矩阵 $\boldsymbol{A}$ 的非零元素 $a_{ij}$ $(i \neq j)$ 的值均为 1。

### 6.3.1　具有未知参数的非线性多智能体系统一致性条件

根据被控对象(6.2)的系统特性，可以设计标准的自适应反馈控制协议为

$$u_i^*(t)=\theta_{1i}^{*\mathrm{T}}x_i(t)+\theta_{2i}^{*\mathrm{T}}f_i[x_i(t)]+u_r(t), \tag{6.5}$$

其中，$\boldsymbol{B}\theta_{1i}^{*\mathrm{T}}+\boldsymbol{A}_{1i}=\boldsymbol{A}_m$，$\boldsymbol{A}_{2i}=-\boldsymbol{B}\theta_{2i}^{*\mathrm{T}}$。由于$\boldsymbol{A}_{1i}$和$\boldsymbol{A}_{2i}$未知，最优参数$\theta_{1i}^{*\mathrm{T}}$和$\theta_{2i}^{*\mathrm{T}}$无法解得的，将其用估计值$\theta_{1i}^{\mathrm{T}}(t)$和$\theta_{2i}^{\mathrm{T}}(t)$来替代，可得控制器

$$u_i(t)=\theta_{1i}^{\mathrm{T}}(t)x_i(t)+\theta_{2i}^{\mathrm{T}}(t)f_i[x_i(t)]+u_r(t), \tag{6.6}$$

$$\dot{\theta}_{1i}(t)=-x_i(t)\sum_{j\in\mathcal{N}_i}[x_j(t)-x_i(t)]^{\mathrm{T}}\boldsymbol{PB}, \tag{6.7}$$

$$\dot{\theta}_{2i}(t)=-f_i[x_i(t)]\sum_{j\in\mathcal{N}_i}[x_j(t)-x_i(t)]^{\mathrm{T}}\boldsymbol{PB}, \tag{6.8}$$

式中，$\mathcal{N}_i$ 表示智能体 $i$ 的邻居集合，$\boldsymbol{P}$ 为一满足下式的正定矩阵

$$\boldsymbol{PA}_m+\boldsymbol{A}_m^{\mathrm{T}}\boldsymbol{P}<0$$

控制协议 (6.6) 中的估计值 $\theta_{1i}(t)$ 和 $\theta_{2i}(t)$ 分别由控制律式(6.7)和式(6.8)产生。

**定理** 6.1：　考虑非线性多智能体系统(6.2)，如果存在正定矩阵$\boldsymbol{P}$，满足分布式自适应律式(6.6)至式(6.8)，那么该系统状态能够达到渐近一致。

**证明**：　令参数误差为

$$\tilde{\theta}_{1i}^{\mathrm{T}}(t)=\theta_{1i}^{\mathrm{T}}(t)-\theta_{1i}^{*\mathrm{T}},\qquad \tilde{\theta}_{2i}^{\mathrm{T}}(t)=\theta_{2i}^{\mathrm{T}}(t)-\theta_{2i}^{*\mathrm{T}},$$

状态跟踪误差为

$$e_i(t)=x_i(t)-x_m(t),$$

智能体 $i$ 与其邻居之间的状态误差为

$$\varepsilon_{ij}(t)=x_j(t)-x_i(t),$$

则误差 $e_i$ 和 $\varepsilon_{ij}$ 的动态方程为

$$\dot{e}_i(t)=\boldsymbol{A}_me_i(t)+\boldsymbol{B}\tilde{\theta}_{1i}^{\mathrm{T}}(t)x_i(t)+\boldsymbol{B}\tilde{\theta}_{2i}^{\mathrm{T}}(t)f_i[x_i(t)], \tag{6.9}$$

$$\dot{\varepsilon}_{ij}(t)=\boldsymbol{A}_m\varepsilon_{ij}(t)+\boldsymbol{B}\tilde{\theta}_{1i}^{\mathrm{T}}(t)x_i(t)-\boldsymbol{B}\tilde{\theta}_{1j}^{\mathrm{T}}(t)x_j(t)+\boldsymbol{B}\tilde{\theta}_{2i}^{\mathrm{T}}(t)f_i[x_i(t)]-$$

$$\boldsymbol{B}\tilde{\theta}_{2j}^{\mathrm{T}}(t)f_j(x_j(t)) \tag{6.10}$$

定义 Lyapunov 函数为

$$V(t)=\sum_{i\in\mathscr{N}}e_i^{\mathrm{T}}(t)\boldsymbol{P}e_i(t)+\frac{1}{2}\sum_{(i,j)\in\varepsilon}\varepsilon_{ij}^{\mathrm{T}}(t)\boldsymbol{P}\varepsilon_{ij}(t)+\sum_{i=1}^{n}\mathrm{tr}[\tilde{\theta}_{1i}^{\mathrm{T}}(t)\tilde{\theta}_{1i}(t)+\tilde{\theta}_{2i}^{\mathrm{T}}(t)\tilde{\theta}_{2i}(t)] \tag{6.11}$$

沿着误差方程式 (6.9) 和式 (6.10) 的任意轨线，对时间 $t$ 求导，可得

$$\begin{aligned}\dot{V}=&\sum_{\{}i\in\mathscr{N}[e_i^{\mathrm{T}}(\boldsymbol{PA}_m+A_m^{\mathrm{T}}\boldsymbol{P})e_i+2e_i^{\mathrm{T}}\boldsymbol{PB}[\tilde{\theta}_{1i}^{\mathrm{T}}x_i+\tilde{\theta}_{2i}^{\mathrm{T}}f_i(x_i)]\}+\\&\sum_{(i,j)\in\varepsilon}\{\frac{1}{2}\varepsilon_{ij}^{\mathrm{T}}(\boldsymbol{PA}_m+\boldsymbol{A}_m^{\mathrm{T}}\boldsymbol{P})\varepsilon_{ij}+\varepsilon_{ij}^{\mathrm{T}}\boldsymbol{PB}[\tilde{\theta}_{1i}^{\mathrm{T}}x_i+\tilde{\theta}_{2i}^{\mathrm{T}}f_i(x_i)]-\\&\varepsilon_{ij}^{\mathrm{T}}\boldsymbol{PB}[\tilde{\theta}_{1j}^{\mathrm{T}}x_j+\tilde{\theta}_{2j}^{\mathrm{T}}f_j(x_j)]\}+2\sum_{i=1}^{n}\mathrm{tr}(\tilde{\theta}_{1i}^{\mathrm{T}}\dot{\theta}_{1i}+\tilde{\theta}_{2i}^{\mathrm{T}}\dot{\theta}_{2i})\end{aligned} \tag{6.12}$$

对于无向图，$\varepsilon_{ij}=-\varepsilon_{ji}$，当$(i,j)\in\varepsilon$ 成立时，$(j,i)\in\varepsilon$ 也成立。由此可得

$$-\sum_{(i,j)\in\varepsilon}\varepsilon_{ij}^{\mathrm{T}}\boldsymbol{PB}[(\tilde{\theta}_{1j}^{\mathrm{T}}x_j+\tilde{\theta}_{2j}^{\mathrm{T}}f_j(x_j)]=\sum_{(i,j)\in\varepsilon}\varepsilon_{ij}^{\mathrm{T}}\boldsymbol{PB}[\tilde{\theta}_{1i}^{\mathrm{T}}x_i+\tilde{\theta}_{2i}^{\mathrm{T}}f_j(x_i)]$$

记 $\boldsymbol{Q}=-(\boldsymbol{PA}_m+\boldsymbol{A}_m^{\mathrm{T}}\boldsymbol{P})$，可知 $\boldsymbol{Q}>0$ 为正定矩阵，将式 (6.12) 可简化为

$$\begin{aligned}\dot{V}=&-\sum_{i\in\mathscr{N}}e_i^{\mathrm{T}}\boldsymbol{Q}e_i-\frac{1}{2}\sum_{(i,j)\in\varepsilon}\varepsilon_{ij}^{\mathrm{T}}\boldsymbol{Q}\varepsilon_{ij}+2\sum_{i\in\mathscr{N}}e_i^{\mathrm{T}}\boldsymbol{PB}[\tilde{\theta}_{1i}^{\mathrm{T}}x_i+\tilde{\theta}_{2i}^{\mathrm{T}}f_i(x_i)]+2\sum_{(i,j)\in\varepsilon}\varepsilon_{ij}^{\mathrm{T}}\boldsymbol{PB}[\tilde{\theta}_{1i}^{\mathrm{T}}x_i\\&+\tilde{\theta}_{2i}^{\mathrm{T}}f_i(x_i)]+2\sum_{i=1}^{n}\mathrm{tr}(\tilde{\theta}_{1i}^{\mathrm{T}}\dot{\theta}_{1i}+\tilde{\theta}_{2i}^{\mathrm{T}}\dot{\theta}_{2i})\end{aligned} \tag{6.13}$$

由引理 6.2，可知

$$e_i^{\mathrm{T}}\boldsymbol{PB}[\tilde{\theta}_{1i}^{\mathrm{T}}x_i+\tilde{\theta}_{2i}^{\mathrm{T}}f_i(x_i)]=\mathrm{tr}\{[\tilde{\theta}_{1i}^{\mathrm{T}}x_i+\tilde{\theta}_{2i}^{\mathrm{T}}f_i(x_i)]e_i^{\mathrm{T}}\boldsymbol{PB}\}$$

由上式，再结合式 (6.7) 和式 (6.8) 可得

$$\begin{aligned}\dot{V}=&-\sum_{i\in\mathscr{N}}e_i^{\mathrm{T}}\boldsymbol{Q}e_i-\frac{1}{2}\sum_{(i,j)\in\varepsilon}\varepsilon_{ij}^{\mathrm{T}}\boldsymbol{Q}\varepsilon_{ij}+2\sum_{i=1}^{n}\mathrm{tr}\{[\tilde{\theta}_{1i}^{\mathrm{T}}x_i+\tilde{\theta}_{2i}^{\mathrm{T}}f_i(x_i)]\sum_{j\in\mathscr{N}_i}(x_j-x_i)^{\mathrm{T}}\boldsymbol{PB}\}+\\&2\sum_{i=1}^{n}\mathrm{tr}(\tilde{\theta}_{1i}^{\mathrm{T}}\dot{\theta}_{1i}+\tilde{\theta}_{2i}^{\mathrm{T}}\dot{\theta}_{2i})\\=&-\sum_{i\in\mathscr{N}}e_i^{\mathrm{T}}\boldsymbol{Q}e_i-\frac{1}{2}\sum_{(i,j)\in\varepsilon}\varepsilon_{ij}^{\mathrm{T}}\boldsymbol{Q}\varepsilon_{ij}\\<&0\end{aligned} \tag{6.14}$$

因此，$e_i$ 和 $\varepsilon_{ij}$ 有界，进而可知 $\dot{e}_i$ 和 $\dot{\varepsilon}_{ij}$ 有界。

$$\begin{aligned}\int_0^{\infty}(\sum_{i\in\mathcal{N}}e_i^{\mathrm{T}}\boldsymbol{Q}e_i+\frac{1}{2}\sum_{(i,j)\in\varepsilon}\varepsilon_{ij}^{\mathrm{T}}\boldsymbol{Q}\varepsilon_{ij})\mathrm{d}t&=-\int_0^{\infty}\dot{V}(t)\mathrm{d}t\\&=V(0)-V(\infty)\\&<0\end{aligned}$$

由引理 6.1 的推论 6.1 可知

$$\lim_{t\to+\infty}e_i(t)=0,\qquad \lim_{t\to+\infty}\varepsilon_{ij}(t)=0$$

显然，

$$\lim_{t\to+\infty}[x_i(t)-x_m(t)]=0,\quad i=1,2,\cdots,n$$

也就是说，系统状态能够达到渐近一致。定理得证。 □

### 6.3.2 具有未知干扰的非线性多智能体系统一致性条件

对于具有外部干扰的非线性多智能体系统 (6.3)，设计如下控制协议

$$u_i(t)=\theta_{1i}^{\mathrm{T}}(t)x_i(t)+\theta_{2i}^{\mathrm{T}}(t)f_i[x_i(t)]+u_r(t)+\hat{\omega}_i(t),\tag{6.15}$$

$$\dot{\theta}_{1i}(t)=-x_i(t)\sum_{j\in\mathcal{N}_i}[x_j(t)-x_i(t)]^{\mathrm{T}}\boldsymbol{PB},\tag{6.16}$$

$$\dot{\theta}_{2i}(t)=-f_i[x_i(t)]\sum_{j\in\mathcal{N}_i}[x_j(t)-x_i(t)]^{\mathrm{T}}\boldsymbol{PB},\tag{6.17}$$

$$\dot{\hat{\omega}}_i(t)=\sum_{j\in\mathcal{N}_i}[x_j(t)-x_i(t)]^{\mathrm{T}}\boldsymbol{PB}\tag{6.18}$$

其中，$\hat{\omega}_i(t)$ 是未知常数干扰 $\omega_i$ 的估计值，$\boldsymbol{P}$ 矩阵的定义与定理 (6.1) 中相同。

下面介绍本章的另一个主要结论。

**定理 6.2：** 考虑受扰非线性多智能体系统 (6.3)，如果存在正定矩阵 $\boldsymbol{P}$，满足自适应律式 (6.15)至式(6.18)，那么该系统状态能够达到渐近一致。

**证明：** 令参数误差为

$$\tilde{\theta}_{1i}^{\mathrm{T}}(t)=\theta_{1i}^{\mathrm{T}}(t)-\theta_{1i}^{*\mathrm{T}},\qquad \tilde{\theta}_{2i}^{\mathrm{T}}(t)=\theta_{2i}^{\mathrm{T}}(t)-\theta_{2i}^{*\mathrm{T}},$$

状态跟踪误差为

$$e_i(t)=x_i(t)-x_m(t),$$

智能体 $i$ 与其邻居之间的状态误差为

$$\varepsilon_{ij}(t)=x_j(t)-x_i(t),$$

干扰的估计误差为

$$\tilde{\omega}_i(t)=\hat{\omega}_i(t)-\omega_i,$$

则误差 $e_i$ 和 $\varepsilon_{ij}$ 的动态方程为

$$\dot{e}_i(t)=\boldsymbol{A}_m e_i(t)+\boldsymbol{B}\tilde{\theta}_{1i}^{\mathrm{T}}(t)x_i(t)+\boldsymbol{B}\tilde{\theta}_{2i}^{\mathrm{T}}(t)f_i[x_i(t)]-\boldsymbol{B}\tilde{\omega}_i(t), \tag{6.19}$$

$$\begin{aligned}\dot{\varepsilon}_{ij}(t)=&\boldsymbol{A}_m\varepsilon_{ij}(t)+\boldsymbol{B}\tilde{\theta}_{1i}^{\mathrm{T}}(t)x_i(t)-\boldsymbol{B}\tilde{\theta}_{1j}^{\mathrm{T}}(t)x_j(t)+\boldsymbol{B}\tilde{\theta}_{2i}^{\mathrm{T}}(t)f_i[x_i(t)]-\boldsymbol{B}\tilde{\theta}_{2j}^{\mathrm{T}}(t)f_j[x_j(t)]-\\&\boldsymbol{B}\tilde{\omega}_i(t)+\boldsymbol{B}\tilde{\omega}_j(t)\end{aligned} \tag{6.20}$$

定义 Lyapunov 函数为

$$V(t)=\sum_{i\in\mathcal{N}}e_i^{\mathrm{T}}(t)\boldsymbol{P}e_i(t)+\frac{1}{2}\sum_{(i,j)\in\varepsilon}\varepsilon_{ij}^{\mathrm{T}}(t)\boldsymbol{P}\varepsilon_{ij}(t)+\sum_{i=1}^{n}\mathrm{tr}[\tilde{\theta}_{1i}^{\mathrm{T}}(t)\tilde{\theta}_{1i}(t)+\tilde{\theta}_{2i}^{\mathrm{T}}(t)\tilde{\theta}_{2i}(t)+\tilde{\omega}_i^{\mathrm{T}}(t)\tilde{\omega}_i(t)] \tag{6.21}$$

对时间 $t$ 求导，可得

$$\begin{aligned}\dot{V}=&\sum_{i\in\mathcal{N}}\{e_i^{\mathrm{T}}(\boldsymbol{P}\boldsymbol{A}_m+A_m^{\mathrm{T}}P)e_i+2e_i^{\mathrm{T}}\boldsymbol{P}\boldsymbol{B}[\tilde{\theta}_{1i}^{\mathrm{T}}x_i+\tilde{\theta}_{2i}^{\mathrm{T}}f_i(x_i)]\}+\\&\sum_{(i,j)\in\varepsilon}\{\frac{1}{2}\varepsilon_{ij}^{\mathrm{T}}(\boldsymbol{P}\boldsymbol{A}_m+\boldsymbol{A}_m^{\mathrm{T}}\boldsymbol{P})\varepsilon_{ij}+\varepsilon_{ij}^{\mathrm{T}}\boldsymbol{P}\boldsymbol{B}[\tilde{\theta}_{1i}^{\mathrm{T}}x_i+\tilde{\theta}_{2i}^{\mathrm{T}}f_i(x_i)-\tilde{\omega}_i]-\\&\varepsilon_{ij}^{\mathrm{T}}\boldsymbol{P}\boldsymbol{B}[\tilde{\theta}_{1j}^{\mathrm{T}}x_j+\tilde{\theta}_{2j}^{\mathrm{T}}f_j(x_j)-\tilde{\omega}_j]\}+2\sum_{i=1}^{n}\mathrm{tr}(\tilde{\theta}_{1i}^{\mathrm{T}}\dot{\theta}_{1i}+\tilde{\theta}_{2i}^{\mathrm{T}}\dot{\theta}_{2i}+\tilde{\omega}_i^{\mathrm{T}}\dot{\hat{\omega}}_i)\end{aligned} \tag{6.22}$$

记 $\boldsymbol{Q}=-(\boldsymbol{P}\boldsymbol{A}_m+\boldsymbol{A}_m^{\mathrm{T}}\boldsymbol{P})$，由于图 $\mathcal{G}$ 为无向图，可得

$$-\sum_{(i,j)\in\varepsilon}\varepsilon_{ij}^{\mathrm{T}}\boldsymbol{P}\boldsymbol{B}[\tilde{\theta}_{1j}^{\mathrm{T}}x_j+\tilde{\theta}_{2j}^{\mathrm{T}}f_j(x_j)-\tilde{\omega}_j]=\sum_{(i,j)\in\varepsilon}\varepsilon_{ij}^{\mathrm{T}}\boldsymbol{P}\boldsymbol{B}[\tilde{\theta}_{1i}^{\mathrm{T}}x_i+\tilde{\theta}_{2i}^{\mathrm{T}}f_j(x_i)-\tilde{\omega}_i]$$

式(6.22)可简化为

$$\begin{aligned}\dot{V}=&-\sum_{i\in\mathcal{N}}e_i^{\mathrm{T}}\boldsymbol{Q}e_i-\frac{1}{2}\sum_{(i,j)\in\varepsilon}\varepsilon_{ij}^{\mathrm{T}}Q\varepsilon_{ij}+2\sum_{i\in\mathcal{N}}e_i^{\mathrm{T}}\boldsymbol{P}\boldsymbol{B}[\tilde{\theta}_{1i}^{\mathrm{T}}x_i+\tilde{\theta}_{2i}^{\mathrm{T}}f_i(x_i)-\tilde{\omega}_i]+\\&2\sum_{(i,j)\in\varepsilon}\varepsilon_{ij}^{\mathrm{T}}\boldsymbol{P}\boldsymbol{B}[\tilde{\theta}_{1i}^{\mathrm{T}}x_i+\tilde{\theta}_{2i}^{\mathrm{T}}f_i(x_i)-\tilde{\omega}_i]+2\sum_{i=1}^{n}\mathrm{tr}(\tilde{\theta}_{1i}^{\mathrm{T}}\dot{\theta}_{1i}+\tilde{\theta}_{2i}^{\mathrm{T}}\dot{\theta}_{2i}+\tilde{\omega}_i^{\mathrm{T}}\dot{\hat{\omega}}_i)\end{aligned} \tag{6.23}$$

由引理 6.2，可知

$$e_i^{\mathrm{T}}\boldsymbol{P}\boldsymbol{B}[\tilde{\theta}_{1i}^{\mathrm{T}}x_i+\tilde{\theta}_{2i}^{\mathrm{T}}f_i(x_i)-\tilde{\omega}_i]=\mathrm{tr}\{[\tilde{\theta}_{1i}^{\mathrm{T}}x_i+\tilde{\theta}_{2i}^{\mathrm{T}}f_i(x_i)-\tilde{\omega}_i]e_i^{\mathrm{T}}\boldsymbol{P}\boldsymbol{B}\}$$

由上式，再结合式 (6.16)至式(6.18) 可得

$$\begin{aligned}\dot{V}=&-\sum_{i\in\mathcal{N}}e_i^{\mathrm{T}}\boldsymbol{Q}e_i-\frac{1}{2}\sum_{(i,j)\in\varepsilon}\varepsilon_{ij}^{\mathrm{T}}\boldsymbol{Q}\varepsilon_{ij}+2\sum_{i=1}^{n}tr\{[\tilde{\theta}_{1i}^{\mathrm{T}}x_i+\tilde{\theta}_{2i}^{\mathrm{T}}f_i(x_i)-\tilde{\omega}_i]\sum_{j\in\mathcal{N}_i}(x_j-x_i)^{\mathrm{T}}\boldsymbol{PB}\}+\\&2\sum_{i=1}^{n}\mathrm{tr}(\tilde{\theta}_{i1}^{\mathrm{T}}\dot{\theta}_{i1}+\tilde{\theta}_{i2}^{\mathrm{T}}\dot{\theta}_{i2}+\tilde{\omega}_i^{\mathrm{T}}\dot{\hat{\omega}}_i)\\=&-\sum_{i\in\mathcal{N}}e_i^{\mathrm{T}}\boldsymbol{Q}e_i-\frac{1}{2}\sum_{(i,j)\in\varepsilon}\varepsilon_{ij}^{\mathrm{T}}\boldsymbol{Q}\varepsilon_{ij}\\&<0\end{aligned}\tag{6.24}$$

综上可知，$e_i$ 和 $\varepsilon_{ij}$ 有界，与定理 6.1 证明相同，具有干扰$\omega_i$的非线性多智能体系统能够渐近稳定，即当 $t\to+\infty$ 时，$e_i(t),\varepsilon_{ij}(t)\to 0$。显然，$\lim\limits_{t\to+\infty}[x_i(t)-x_m(t)]=0,i=1,2,\cdots,n$，也就是说，系统状态能够达到渐近一致。定理得证。 □

## 6.4　仿真实例

以一个具有四个独立智能体的非线性多智能体系统为例（如图 6-1所示），验证本文所得结论的正确性。

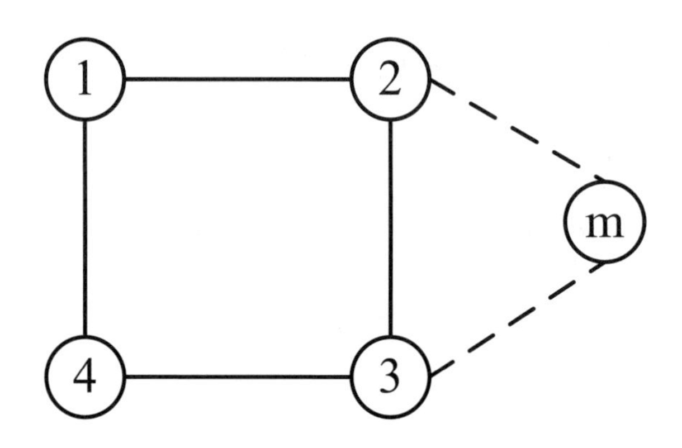


图 6-1　通信拓扑结构图

设参考模型动态方程如式 (6.1) 所示，其中

$$\boldsymbol{A}_m=\begin{bmatrix}0&1\\-1&-2\end{bmatrix},\ \boldsymbol{B}=\begin{bmatrix}0\\1\end{bmatrix},$$

第 $i$ 个智能体的动态方程为

$$\ddot{z}_i-\mu_i(1-z_i^2)\dot{z}_i+z_i-\omega_i=u_i,\qquad i=1,2,3,4\tag{6.25}$$

其中，$z_i$ 是系统状态，$\mu_i$ 是未知参数，$u_i$ 是输入函数，$\omega_i$ 是未知常数扰动。设$x_{i1}=z_i$，$x_{i2}=\dot{z}_i$，可将式(6.25)改写成式(6.3)的形式，其中

$$x_i=\begin{bmatrix}x_{i1}\\x_{i2}\end{bmatrix},\qquad \boldsymbol{A}_{1i}=\begin{bmatrix}0&1\\-1&\mu_i\end{bmatrix},\qquad \boldsymbol{A}_{2i}=\begin{bmatrix}0\\\mu_i\end{bmatrix}$$

以及$f_i(x_i)=-x_{i1}^2x_{i2}$。

这里我们取$\boldsymbol{P}=\begin{bmatrix}3&1\\1&1\end{bmatrix}$。根据本章所提自适应控制协议，在参考输入为$u_r(t)=\cos(t)$情形下对系统进行仿真。设$x_{i1}$的初始状态为$[3,1,0,-1]$，$x_{i2}$的初始状态为零。参考输入的初始值为$[0.8,0]$。图 6-2 显示了无干扰下非线性多智能体系统第一个状态变量$x_{i1}$的状态响应曲线，图 6-3 显示了外部干扰作用下系统第一个状态变量$x_{i1}$的状态响应曲线。从仿真图形可以看出，所有智能体状态达到渐近一致，验证了本章结论的正确性。同时可以看出，外部干扰作用下状态收敛速度要比无干扰情形下稍快，这是由于外部干扰也是一种输入信号，实际上是加强了输入信息，因此这种情况下的收敛速度更快些。

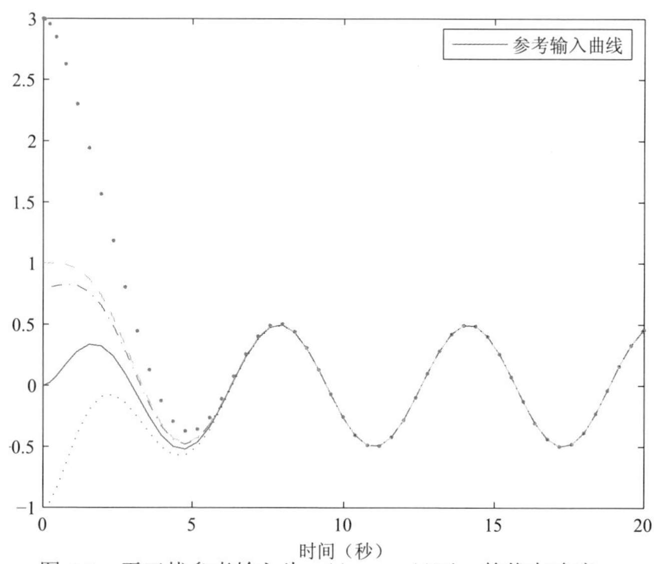


图 6-2　无干扰参考输入为$u_r(t)=\cos(t)$下$x_{i1}$的状态响应

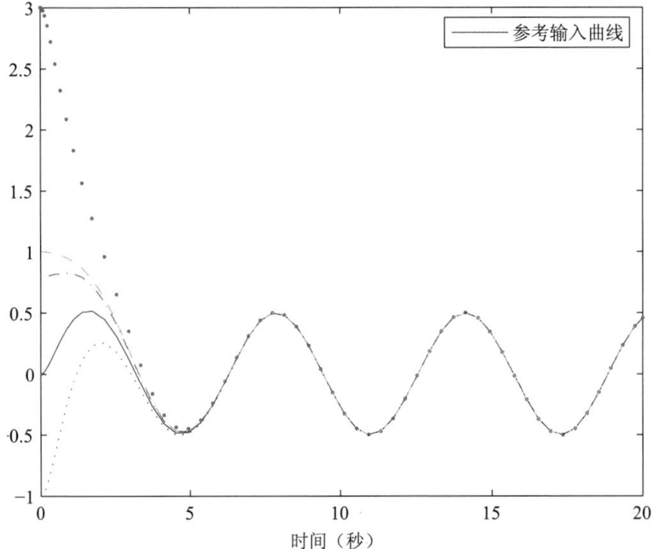


图 6-3　干扰情况下参考输入为$u_r(t)=\cos(t)$下$x_{i1}$的状态响应

## 6.5　本章小结

本章针对非线性多智能体系统中具有未知参数和未知干扰的情况，使用模型参考自适应方法设计了分布式自适应控制器，仿真结果证明该设计合理，所得结论有效。本章研究的非线性系统是无向网络结构，受到的干扰是定常的，而对于有向网络和随机扰动的相关研究将会在未来的工作中展开。

# 结束语

随着当今工业技术的迅猛发展，多智能体协调控制一致性问题的研究也面临着前所未有的挑战。具体体现在被控对象系统结构更加复杂、结构具有强非线性、环境参数变化更加多样、不确定性因素越来越多等。在此背景影响下，本书主要研究了在外部干扰、不确定性以及非线性动态等因素的影响下多智能体系统一致性控制问题。主要研究工作总结如下。

（1）研究了有领航者的二阶时滞多智能体系统的一致性控制问题。在定拓扑网络结构下，应用频域分析方法，得到系统达到一致的充分必要条件，并给出时滞的最大容许值。在变拓扑网络结构下，应用时域 LMI 方法，得到系统达到一致的充分条件，并通过解线性矩阵不等式求得时滞的最大值。

（2）研究了具有时滞和通信不确定性的高阶多智能体系统的一致性控制问题。其基本方法是通过定义一个被控输出来衡量每个智能体的状态与所有智能体的平均状态之间的不一致，由此将一致性问题转化成标准的 $L_2-L_\infty$ 控制问题。进而利用反馈控制和基于邻居的交互作用提出线性控制协议，得到一个具有奇异 Laplacian 矩阵的闭环系统，通过模型变换，将其变为等价的降阶可稳定系统，从而应用传统 $L_2-L_\infty$ 控制方法进行研究。此外，引入加权矩阵，将被控输出的峰值限制到规定范围内，分别得到系统在定拓扑和变拓扑两种通信网络下具有期望抗干扰性能的一致性条件。

（3）采用树型变换方法研究了时变时滞下的高阶多智能体系统的一致性控制问题。具体来讲，通过树型变换对原多智能体系统进行降阶，将系统的一致性问题转化成降阶系统的渐近稳定问题，分别考虑了一致时滞和不一致时滞条件两种情形，并使用 $L_2-L_\infty$ 控制方法减小外部干扰信号对闭环系统的影响，得到系统达到具有期望性能指标的一致条件。

（4）针对非线性动态的多智能体系统，研究其具有未知参数的自适应一致性问题，使用模型参考自适应方法设计了一个分布式自适应控制器，使系统输出达到渐近一致。接着考虑了受到未知扰动影响的系统，给出了具有扰动估计的分布式自适应控制器，并得到确保多智能体系统自适应一致性获得的充分条件，通过构建Lyapunov 函数保证了系统的稳定性。

与本书相关的后续研究主要有以下几点。

（1）在联合连通条件下，研究具有不同信息传输时滞的高阶多智能体系统拓扑结构的一致性问题。

（2）本书虽研究了多智能体系统的一致性控制问题，但并未涉及达到一致过程中的分离问题(避撞)，这将是未来研究工作的方向之一。

（3）本书均使用设计好的带有控制参数的控制协议来实现多智能体系统的一致性控制，这种方法具有一定的局限性。因此，对于智能体通过自调整协议参数的方法来实现自适应鲁棒一致性控制的研究是一个有价值的研究方向。

# 参考文献

[1] 程代展，陈翰馥. 从群集到社会行为控制[J]. 科学导报，2004(8): 4-7.

[2] 王汝传，徐小龙，黄海平. 智能Agent及其在信息网络中的应用[M].北京:北京邮电大学出版社，2006.

[3] Lekka G P, Avouris N M. Developement of Distributed Problem Solving Systems for Dynamic Environment[J]. IEEE Transactions on Systems Man and Cybernetics, 1995, 25(3): 400-414.

[4] Draa B C, Monlin B. Trends in Distributed Artificial Intelligence[J]. Artificial Intelligence, 1992, 56(6): 35-66.

[5] Hu J P, Hong Y G. Leader-Following Coordination of Multi-Agent Systems with Coulping Time Delays[J]. Physica A, 2007, 374(2): 853-863.

[6] Peng K, and Yang Y P. Leader-Following Consensus Problem with a Varying-Velocity Leader and Time-Varying Delays[J]. Physica A: Statistical Mechanics and its Applications, 2009, 388(2-3): 193-208.

[7] Hong Y G, Chen G R, Bushnellc L. Distributed Observers Design for Leader-Following Control of Multi-Agent Networks[J]. Automatica, 2008, 44(3): 846-850.

[8] Wang W, Slotine J E. Theoretical Study of Different Leader in Networks[J]. IEEE Transactions on Automatic Control, 2006, 51(7): 1156-1161.

[9] Liu Y, Jia Y M. Leader-Following Consensus Protocol for Second-Order Multi-Agent Systems Using Neural Networks[A]. Proceedings of the Chinese Control Confrence[C], 2008: 535-539.

[10] Bonabeau E, Dorigh M, Theraulaz G. Swarm Intelligence: From Natural to Artificial Systems[M]. New York: Oxford University Press, 1999.

[11] Gazi V, Passino K M. Stability Analysis of Swarms[J]. IEEE Transactions on Automatic Control, 2003, 48(4):692-697.

[12] Gazi V, Passino K M. Stability of a One-Dimensional Discrete-Time Asynchronous Swarm[J]. IEEE Transactions on Systems Man and Cybernetics Part B-Cybernetics, 2005, 35(4):834-841.

[13] Chu T G, Wang L, Mu S M. Collective Behavior Analysis of an Anisotopic Swarm Model[A]. Proceeding of the 16th International Symposium on Mathematical Theory of Network and Systems[C], 2004: 1-13.

[14] Liu Y, Passino K M, Polycarpou M. Stability Analysis of One-Dimensional Asynchronyous Swarms[J]. IEEE Transactions on Automatic Control, 2003, 48(10): 1848-1854.

[15] Olfati-Saber R. Consensus and Cooperation in Networked Multi-Agent Systems[J]. Proceedings of the IEEE, 2007, 95(1): 215-233.

[16] Janson S, Middendorf M, Beekman M. Honeybees Swarms: How Do Scouts Guide a Swarm of Uninformed Bees?[J]. Journal of Animal Behavior, 2005, 70(2): 349-358.

[17] Topaz C M, Bertozzi A L. Swarming Patterns in a Two-Dimensional Kinematic Model for Biological Group[J]. SIAM Joural on Applied Mathematics, 2005, 65(1): 152-174.

[18] Tanner H G. Flocking with Obstacle Avoidance in Switching Networks of Interconnected Vehicles[A]. Proceeding of the IEEE Inernational Conference on Robotics and Automation[C], 2004: 3006-3011.

[19] Olfati-Saber R. Flocking for Multi-agent Dynamic Systems: Algorithms and Theory[J]. IEEE Transactions on Automatic Control, 2006, 51(3): 401-420.

[20] Lee D J, Spong M W. Stable Flocking of Multiple Inertial Agents on Balanced Graphs[J]. IEEE Transactions on Automatic Control, 2006, 52(5): 1469-1475.

[21] Tanner H G, Jadbabaie A, Pappas G J. Flocking in Fixed and Switching Networks[J]. IEEE Transactions on Automatic Control, 2007, 52(5): 863-868.

[22] Moshtagh N and Jadbabaie A. Distributed Geodesic Control Laws for Flocking of Nonholonomic Agents[J]. IEEE Transactions on Automatic Control, 2007, 52(4): 681-686.

[23] Su H S, Wang X F, Lin Z L. Flocking of Multi-Agents with a Virtual Leader, Part II:with a Virtual Leader of Varying Velocity[A]. Proceeding of the 46th IEEE Conference on Decision and Control[C], 2007: 1429-1434.

[24] Li Z G, and Jia Y M. Flocking for Swarm Systems with Fixed Topology in a Changing Environment[J]. Journal of Control Theory and Applications, 2008, 6(3): 333-339.

[25] Ando H. Distributed Memoryless Poine Convergence Algorithm for Mobile Robots with Limited Visibility[J]. Automation, 1999, 15(5): 818-828.

[26] Lin J, Morse A S, and Anderson B D O. The Multi-Agent Rendezvous Problem, Part 2-the Asynchronous case[A]. Proceeding of the 43rd IEEE Conference on Decision and Control[C], 2004: 2120-2147.

[27] 郑军，颜文俊. 多主体汇聚问题离散算法的稳定性[J]. 浙江大学学报, 2006, 41(10): 1684-1687.

[28] Cortés J. Robust Rendezvous for Mobile Autonomous Agents via Proximity Graphs in Arbitrary Dimensions[J]. IEEE Transactions Automatic Control, 2006, 51(8)：1289-1298.

[29] Lin Z Y, and Broucke M. Local Control Strategies for Groups of Mobile Autonomous Agents[J]. IEEE Transactions Automatic Control, 2004, 49(1)：622-629.

[30] Fang J, Morse A S, Cao M. Multi-Agent Rendezvousing with a Finite Set of Candidater Rendezvous Poines[A]. Proceeding of American Control Conference[C], 2008:765-770.

[31] Conte G. The Rendezvous Problem with Discontinuous Control Policies[J]. IEEE Transactions Automatic Control, 2010, 55(1)：279-283.

[32] Dimatogonas D V, Kyriakopoulos K J. On the Rendezvous Problem for Multiple Non-holonomic Agents[J]. IEEE Transactions Automatic Control, 2007, 52(5)：916-922.

[33] Chalopin J, Das S, Santoro N. Rendezvous of Mobile Agents in Unknown Graphs with Faulty Links[A]. Proceeding of the 21st International Conference on Distributed Computing[C], 2007: 108-122.

[34] Gustavi T, Dimarogonas D V, Egerstedt M, et al. Sufficient Conditions for Connectivity Maintenance and Rendezvous in Leader-Follower Networks[J]. Automatica, 2010, 46(1): 133-139.

[35] DeGroot M H. Reaching a Consensus[J]. Journal of American Statistical Association, 1974, 69(345): 118-121.

[36] Lynch N A. Distributed algorithms[M]. San Francisco, CA: Morgan Kaufmann, 1997.

[37] Benediktsson J A, Swain P H. Consensus Theoretic Classification Methods[J]. IEEE Transaction on Systems, Man, Cybernetics, 1992, 22(4): 688-704.

[38] Weller S C, Mann N C. Assessing Rater Performance Without a "Global Standard" Using Consensus Theory[J]. Medical Decision Making, 1997, 17(1): 71-79.

[39] Borkar V, Varaiya P. Asymptotic agreement in distributed estimation[J], IEEE Transations on Automatica Control, 1982, 27(3): 650-655.

[40] Tsitsiklis J N. Problems in Decentralized Decision Making and Computation[D]. Ph.D. Thesis, Department of EECS, MIT, 1984.

[41] Tsitsiklis J N, Bertsekas D P, Athans M. Distributed Asynchronous Deterministic and Stochastic Gradient Optimization Algorithms[J]. IEEE Transations on Automatica Control, 1986, 31(9): 803-812.

[42] Bertsekas D P, Tsitsiklis J N. Parallel and Distributed Computation[M]. Upper Saddle River, NJ: Prentice-Hall, 1989.

[43] Vicsek T, Cziroo'k A, Ben-Jacob E, et al. Novel Type of Phase Transition in a System of Self-Deriven Particles[J]. Physical Review Letter, 1995, 75(6): 1226-1229.

[44] Jadbabaie A, Lin J, Morse A S. Coordination of Groups of Mobile Autonomous Agents Using Nearest Neighbor Rules[J]. IEEE Transactions Automatic Control, 2003, 48(6): 988-1001.

[45] Ren W, Beard R W. Consensus Seeking in Multi-Agent Systems under Namically Changing Interaction Topologies[J]. IEEE Transactions Automatic Control, 2005, 50(5): 655-660.

[46] Cao M, Morse A S, Anderson B D O. Reaching an Agreement Using Delayed Information[A]. Proceeding of the American control conference[C], 2006: 3375-3380.

[47] Hong Y G, Gao L X, Cheng D Z, et al. Lyapunov-Based Approach to Multiagent Systems with Switching Jointly Connected Interconnection[J]. IEEE Transactions on Automatic Control, 2007, 52(5): 943-948.

[48] Ren W, Moore K, Chen Y. High-Order Consensus and Model Reference Consensus Algorithms in Cooperative Control of Multivehicle Systems[J], Journal of Dynamic Systems, Measurement, and Control, 2007, 129(5): 678-688.

[49] Tian Y P. High-order Consensus of Heterogeneous Multi-agent Systems[A], Proceedings of the 8th Asian Control Conference[C], Kaohsiung, Taiwan, May 15-18, 2011: 341-346.

[50] Münz U, Papachristodoulou A, Allgöer F. Delay robustness in consensus problems[J], Automatica, 2010, 46(8): 1252-1265.

[51] Liu C L, Liu F. Stationary Consensus of Heterogeneous Multi-Agent Systems with Bounded Communication Delays[J], Automatica, 2011, 47(9): 2130-2133.

[52] Scardovi L, Sepulchre R. Synchrinization in Networks of Indentical Linear Systems[J]. Automatica, 2009, 45(11): 2557-2562.

[53] Olfati-Saber R, Murray M. Consensus Problems In Networks of Agents with Switching Topology and Time-delays[J]. IEEE Transanctions on Automatic Control, 2004, 49(9): 1520-1533.

[54] Xiao L, Boyd S, Kimb S J. Distributed Average Consensus with Least-Mean-Square Deviation[J]. Journal of Parrall and Distributed Computing, 2007, 67(1): 33-46.

[55] Lin P, Jia Y M, Du J P, et al. Average Consensus for Networks of Continuous-Time Agents with Delayed Information and Jointly-Connected Topologies[A]. Proceedings of American Control Conference[C], Hyatt Regency Riverfront, St. Louis, MO, USA, 2009: 3884-3889.

[56] Liu Y, Jia Y M, Du J P, et al. Average-Consensus Problem in Multiagent Systems[A]. Proceedings of the European Control Conference[C], 2007: 889-895.

[57] Li T, Zhang J F. Mean Square Average Consensus in Networks of Dynamic Agents with Switching Topologies and Multiple Time-Varying Delays[J]. Automatica, 2009, 45(8): 1929-1936.

[58] Moreau L. Stability of Continuous-Time Distributed Consensus Algorithms[A]. IEEE Conference on Decision and Control[C], 2004: 3998-4003.

[59] Fang L, Antsaklis P J. Information Consensus of Asynchronous Discrete-Time Multi-Agent Systems[A]. Proceedings of the American control conference[C], 2005: 1883-1888.

[60] Lin P, Jia Y M, Du J P et al. Distributed Leadless Coordination for Networks of Second-Order Agents with Time-Delay on Switching Topology[A]. Proceedings of the American Control Conference[C], 2008: 1564-1569.

[61] Xiao F, Wang L. State Consensus for Multi-Agent Systems with Swithing Topologies and Time-Varying Delays[J]. International Journal of Control, 2006, 79(10): 1277-1284.

[62] Sun Y G, Wang L, Xie G M. Average Consensus in Networks of Dynamic Agents with Switching Topologies and Multiple Time-Varying Delays[J]. Systems and Control Letters, 2008, 57(2): 175-183.

[63] Tian Y P, Liu C L. Consensus of Multi-Agent Systems with Diverse Input and Communication Delays[J]. IEEE Transactions on Automatic Control, 2008, 9(53): 2122-2128.

[64] Zhu W, Cheng D Z. Leader-Following Consensus of Second-Order Agents with Multiple Time-Varying Delays[J], Automatica, 2010, 46(12): 1994-1999.

[65] Sun Y G, Wang L. Consensus of Multi-Agent Systems in Directed Networks with Nonuniform Time-Varying Delays[J]. IEEE Transactions on Automatic Control 2009, 54(7): 1607-1613.

[66] Zhang Y, Tian Y P. Consentability and Protocol Design of Multi-Agent Systems with Stochastic Switching Topology[J]. Automatica, 2009, 45(5): 1195-1201.

[67] Ögren P, Fiorelli E, Leonard N E. Cooperative Control of Mobil Sensor Networks: Adaptive Gradient Climbing in a Distributed Environment[J]. IEEE Transactions on Automatic Control, 2004, 49(8): 1292-1302.

[68] Profiri M,Stiwell D. Consensus Seeking over Random Weigehted Directed Graphs[J]. IEEE Transactions on Automatic Control, 2007, 52(9): 1767-1773.

[69] Olfati-Saber R, Shamma J S. Consensus Filters for Sensor Networks and Distributed Sensor Fusion[A]. Proceeding of the 44th IEEE Conference on Decision and Control, and the European Control Conference[C], 2005: 6698-6703.

[70] Olfati-Saber R. Distributed Kalman Filter with Embedded Consensus Filters[A]. Proceeings of the 44th IEEE Conference on Decision and Control[C], 2005: 8179-8184.

[71] Olfati-Saber R. Distributed Tracking for Mobile Sensor Networks with Information-Driven Mobility[A]. Proceedings of the American Control Conference[C], 2007: 4606-4612.

[72] Olfati-Saber R. Distributed Kalman Filtering for Sensor Networks[A]. Proceeings of the 46th IEEE Conference on Decision and Control[C], 2007: 5492-5498.

[73] Yu W W. Distributed Consensus Filtering in Sensor Networks[J]. Systems, Man and Cybernetics, Part B: Cybernetics, 2009, 36(6): 1568-1577.

[74] Hong Y, Hu J, Gao L. Tracking Control for Multi-Agent Consensus with an Active Leader and Variable Topology[J]. Automatica, 2006, 42(7): 1177-1182.

[75] Ren W, Atkins E. Distributed Multi-Vehicle Coordinated Control via Local Information Exchange[J]. International Journal of Robust and Nonlinear Control, 2007, 10(17): 1002-1033.

[76] Lin P, Jia Y M, Li L. Distributed Robust $H_\infty$ Consensus Control in Directed Networks of Agents with Time-Delay[J]. Systems and Control Letters, 2008, 8(57): 643-653.

[77] Liu Y, Jia Y M. Robust $H_\infty$ Consensus Control of Uncertain Multi-Agent Systems with Time Delays[J]. International Journal of Control, Automation, and Systems, 2011, 9(6): 1086-1094.

[78] Gupta V, Spanos D, Hassibi B, et al. On LQG Control Across a Stochastic Packet-Dropping Link[A]. Proceedings of American Control Conference[C], 2005: 360-365.

[79] Fagnani F, Zamoieri S. Average Consensus with Packet Drop Communication[J]. SIAM Journal of Systems Science and Complexity, 2009, 48(1): 102-133.

[80] Moreau L. Stability of Multi-Agent Systems with Time-Dependent Communication Links[J]. IEEE Transactions on Automatic Control, 2005, 50(2): 169-182.

[81] Lin Z, Francis B, Broucke M. State Agreement for Coutinuous-Time Coupled Nonlinear Systems[J]. SIAM Journal of Control and Optimization, 2007, 46(1): 288-307.

[82] Qu Z, Wang J, Hull R A. Cooperative Control of Dynamical Systems with Application to Automous Vehicles[J]. IEEE Transactions on Automatic Control, 2008, 53(4): 894-911.

[83] Liu Y, Jia Y M. Adaptive $H_\infty$ Control for a Class of Non-Linear Systems Using Neural Networks[J]. IET Control Theory and Applications, 2009, 3(7):813-822.

[84] Min H, Sun F, Wang S, et al. Distributed Adaptive Consensus Algorithm for Networked Euler-Lagrange Systems[J]. IET Control Theory and Applocations, 2011, 5(1):145-154.

[85] Godsil C, Royle G. Algebraic Graph Theory[M]. New York: Springer-Verlag, 2001.

[86] Tian Y P, Liu C L. Robust Consensus of Multi-Agent Systems with Diverse Input Delays and Asymmetric Interconnection Perturbations[J]. Automatica, 2009, 45(5): 1347-1353.

[87] Olfati-Saber R. Consensus and Cooperation in Networked Multi-Agent Systems[J]. Proceedings of IEEE, 2007, 95(1): 215-233.

[88] Lin P, Jia Y M, Du J P, et al. Distributed Consensus Control for Second-Order Agents with Fixed Topology and Time-Delay[A]. Proceedings of the 26th Chinese Control Conference[C]，2007: 577-581.

[89] Ren W, Moore K, Chen Y. High-order Consensus Algorithms in Cooperative Vehicle System[A]. Proceedings of the IEEE International Conference on Networking, Sensing and Control[C], 2006: 457-462.

[90] Kingston D B, Ren W, Beard R W. Consensus Algorithm are Input-to-State Stable[A]. Proceedings of the American Control Conference[C], 2005: 1686-1690.

[91] Xie G M, Wang L. Consensus Control for a Class of Networks of Dynamic Agents[J]. International Journal of Robust and Nonliner Control, 2007, 17(10-11): 941-959.

[92] Fax J A, Murray R M. Information Flow and Cooperative Control of Vehicle Formations[J]. IEEE Transactions Automatic Control, 2004, 49(9): 1465-1476.

[93] Beard R W, McLain T W, Goodrich M A, et al. Coordinated Target Assignment and Intercept for Unmanned Air Vehicles[J]. IEEE Transations on Robotics and Automation, 2002, 18(6): 911-922.

[94] Lafferriere G, Williams A, Caughman J, et al. Decentralized Control of Vehicle Formations[J]. System Control Letter, 2005, 54(9): 899-910.

[95] Tiwari A, Fung J. Polyhedral Cone Invariance Applied to Rendezvous of Multiple Agents[A]. Proceedings of the 43rd IEEE Conference on Decision and Control[C], 2004: 165-170.

[96] Lin P, Jia Y M. Average-Consensus in Networks of Multiagents with Both Switching Topology and Coupling Timedelay[J], Physica A, 2008, 387(1): 303-313.

[97] Bliman P, Ferrari-Trecate G. Average Consensus Problem in Networks of Agents with Delayed Communications[J], Automatica, 2008, 44(8): 1985-1995.

[98] Ren W. On Consensus Algrithms for Double-Integrator Dynamics[J]. IEEE Transactions on Automatic Control, 2008, 53(6): 1503-1509.

[99] Li Z K, Duan Z S, Chen G R. On $H_\infty$ and $H_2$ Performance Regions of Multi-Agent Systems[J], Automatica, 2011, 47(4): 797-803.

[100] Lin P, Jia Y M. Multi-Agent Consensus with Diverse Time-Delays and Jointly-Connected Topologies[J], Automatica, 2011, 47(4): 848-856.

[101] Ma C Q, Zhang J F. Necessary and Sufficient Conditions for Consensus Ability of Linear Multi-Agent Systems[J]. IEEE Transactions on Automatic Control, 2010, 55(5): 1263-1268.

[102] Cheng L, Hou Z G, Lin Y Z, Tan M, et al. Solving a Modified Consensus Problem of Linear Multi-Agent Systems[J]. Automatica, 2011, 47(10): 2218-2223.

[103] Zhou J, Wang Q. Characterizing Convergence Speed for Consensus Seeking over Dynamically Switching Directed Random Networks[A]. Proceedings of American Control Conference[C], St. Louis, Missouri, USA, 2009: 629-634.

[104] Papachristodoulou A, Jadbabaie A, Mënz U. Effects of Delay in Multi-Agent Consensus and Oscillator Synchronization[J]. IEEE Transactions on Automatic Control, 2010, 55(6): 1471-1477

[105] Yu W W, Chen G R, Cao M, et al. Second-Order Consensus for Multiagent Systems With Directed Topologies and Nonlinear Dynamics[J]. IEEE Transactions on Systems, Man, and Cybernetics—Part B: Cybernetics, 2010, 40(3): 881-891.

[106] Hao F, Chu T G, Wang L, et al. An LMI Approach to Persistent Bounded Disturbance Rejection for Uncertain Impulsive Systems[A]. Proceedings of the 42nd IEEE Conference on Decision and Control[C], Maui, Hawaii USA, December 2003: 4068-4073.

[107] Du H P, Lam J. Energy-to-Peak Performance Controller Design for Building via Static Output Feedback under Consideration of Actuator Saturation[J]. Computers and Structures, 2006, 84(31-32): 2277-2290.

[108] 林鹏. 多智能体系统一致性控制及其在编队中的应用[D]. 北京：北京航空航天大学，2010.

[109] Kovacina M A, Palmer D, Guang Y, et al. Multi-Agent Control Algorithms for Chemical Cloud Detection and Mapping Using Unmanned Air Vehicles[A]. Proceedings of the IEEE/RSJ International Conference on Intelligent Robots and Systems[C], 2002: 2782-2788.

[110] Walle D, Fidan B, Sutton A, et al. Non-Hierarchical UAV Formation Control for Surveillance Tasks[A], Procceedings of the American Control Conference[C], 2008: 777-782.

[111] de Sousa J B, Girard A R, Hedrick J K. Elemental Maneuvers and Coordination Structures for Unmanned Air Vehicles[A]. Proceedings of the 43rd IEEE Conference on Decision and Control[C], 2004: 608-613.

[112] Pellazar M B. Vehicle Route Planning with Constraints Using Genetic Algorithms[A]. Proceedings of the IEEE National Aerospace and Electronics Conference[C], 1994: 111-118.

[113] Xue Z B, Zeng J C. Formation Control Numerical Simulations of Geometric Patterns for Unmanned Autonomous Vehicles with Swarm Dynamical Methodologies[A]. Proceedings of International Conference on Measuring Technology and Mechatronics Automation[C], 2009: 477-482.

[114] Arkin R C. Cooperative Control of Multiple Nonholonomic Mobile Agents[J]. IEEE Transactions on Automatic Control, 2008, 53(6): 1434-1448.

[115] Sepulchre R, Paley D, Leonard N E. Stabilization of Planar Collecive Motion with Limited Communication[J]. IEEE Transactions on Automatic Control, 2008, 53(3): 706-719.

[116] Sultan C, Seereeram S, Mehra R K. Energy Optimal Multi-Spacecraft Relative Reconfiguration of Deep Space Formation Flying[A]. Proceedings of the 43rd IEEE Conference on Decision and Control[C], Nassau: IEEE Press, 2004, 1: 284-289.

[117] Kumar K D, Bang H C, Tahk M J. Satellite Formation Flying Using along Track Thrust[J]. Acta Astronaut, 2007, 61 (7-8): 553-564.

[118] Liang H Z, Wang J Y, Sun Z W. Robust Decentralized Coordinated Attitude Control of Spacecraft Formation[J]. Acta Astronautica, 2011, 69(5-6): 280-288.

[119] 杨雪榕. 卫星跟飞编队控制问题研究[D]. 北京：国防科技大学, 2011.

[120] Fiorelli E, Leonard N E, Bhatta P, et al. Multi-AUV Control and Adaptive Sampling in Monterey Bay[J]. IEEE Journal of Oceanic Engineering, 2006, 31(4): 935-948.

[121] Munz U, Papachristodoulou A, Allgower F. Delay-Dependent Rendezvous and Flocking of Large Scale Multi-Agent Systems with Communication Delays[A]. Proceedings of the 47th IEEE Conference on Decision and Control[C], 2008: 2038-2043.

[122] Su H S, Wang X F, Chen G R. Rendezvous of Multiple Mobile Agents with Preserved Network Connectivity[J]. Systems and Control Letters, 2010, 59(5): 313-322.

[123] Jaemann P, Je H Y, JinKim H. Two Distributed Guidance Approaches for Rendezvous of Multiple Agents[A]. International Conference on Control, Automation and Systems[C], 2010: 2128-2132.

[124] Luo Z Q, Jin Q, Bosse E. Data Compression, Data Fusion and Kalman Filtering in Wavelet Packet Sub-Bands of a Multisensor Tracking System[J]. IEE Proceedings of Radar, Sonar and Navigation, 1998, 145(2): 100-108.

[125] Ren W, Beard R W, Kingston D B. Multi-Agent Kalman Consensus with Relative Uncertainty[A]. Proceedings of American Control Conference[C], 2005: 1865-1870.

[126] Oh S, Schenato L, Chen P,et al.Tracking and Coordination of Multiple Agents Using Sensor Networks: System Design, Algorithms and Experiments[J]. Proceedings of the IEEE, 2007, 95(1): 234-254.

[127] Baqer M. Enabling Collaboration and Coordination of Wireless Sensor Networks via Social Networks[A]. Proceedings of the 6th IEEE International Conference on Distributed Computing in Sensor Systems Workshops (DCOSSW)[C], 2010: 1-2.

[128] Pavlin G. Delft Multi Agent Systems for Flexible and Robust Bayesian Information Fusion[A]. Proceedings of the 10th International Conference on Information Fusion[C], 2007: 1-4.

[129] Peng F Q, Li L H, Xu W D, et al. The Identification of Breast Mass Based on Multi-Agent Interactive Information Fusion Method[A]. Proceedings of the 3rd International Conference on Bioinformatics and Biomedical Engineering(ICBBE)[C], 2009: 1-4.

[130] Zhang L, Zhang G Q, Shen B, et al. Building Energy Saving Design Based on Multi-Agent System[A]. Proceedings of the 5th IEEE Conference on Industrial Electronics and Applicationsis[C], 2010: 840-844.

[131] Hwang K S, Tan S W, Hsiao M C. et al. Cooperative Multiagent Congestion Control for High-Speed Networks[J]. IEEE Transactions on Systems, Man, and Cybernetics, Part B: Cybernetics, 2005, 35(2): 255-268.

[132] Gaiti D, Boukhatem N. Cooperative Congestion Control Schemes in ATM Networks[J]. IEEE of Communications Magazine, 1996, 34(11):102-110.

[133] Burmeister B, Haddadi A, Matylis G. Applications of Multi-Agent Systems in Traffic and Transportation[J]. IEEE Transactions on Software Engineering, 1997, 144(1): 51-60.

[134] Adorni G, Poggl A. Route Guidance as a Just-in-Time Multiagent task[J]. Applied Artiffical Intelligence, 1996, 10(2): 95-120.

[135] Qian H, Xia X, Liu L. A Centralized Approach to Flight Conflict Resolution in Multi-Agent System[A]. First International Workshop on Education Technology and Computer Science[C], 2009: 1063-1065.

[136] Tumer K, Agogino A. Improving Air Traffic Management with a Learning Multiagent System[J]. Intellegent Transportation Systems, 2009, 24(1): 18-21.

[137] Wang W, Liu J, Jiang X. A Multi-agent Model for Optimizing Train Formation Plan[A]. Proceedings of Second International Conference on Information and Computing Science[C], 2009, 4: 256-259.

[138] Xiao Y J, Zhang H, Li S. Dynamic Data Driven Multi-Agent Simulation in Maritime traffic[A]. Proceedings of International Conference on Computer and Automation Engineering[C], 2009: 234-237.

[139] 陈祖明，周家胜. 矩阵论引论[M]. 北京：北京航空航天大学出版社, 1998

[140] 郑大钟. 线性系统理论[M]. 北京：清华大学出版社, 2002

[141] 俞立. 鲁棒控制—线性矩阵不等式处理方法[M]. 北京: 清华大学出版社, 2002

[142] Ioannou P A, Datta A. Robust Adaptive Control: Design, Analysis and Robustness Bounds[M]. New York: Springer-Verlag, 1991.

[143] 徐湘元. 自适应控制理论与应用[M]. 北京：电子工业出版社, 2007.

[144] Landau Y D. Adaptive Control: The Model Reference Approach[M]. New York: Marcel Dekker Inc, 1979.

[145] Khalil H K. 非线性系统[M].朱义胜, 董辉, 李作洲，等译. 北京：电子工业出版社, 2011.

[146] 李殿璞. 非线性控制系统[M]. 西安: 西北工业大学出版社, 2009.

[147] Horn R A, Johnson C R. Matrix Analysis[M]. Cambridge, New York: Cambridge University Press, 1985.

[148] de Souza C E, Li X. Delay-Dependent Robust $H_\infty$ Control of Uncertain Linear State-Delayed Systems[J]. Automatica, 1999, 35(7)：1313-1321.

[149] 贾英民. 鲁棒$H_\infty$控制[M]. 北京：科学出版社，2007.

[150] Sastry S, Bodson M. Adaptive Control-Stability, Convergence and Robustness[M]. Prentice-Hall, 1989.

[151] Hayakawa T, Haddad W M, Hovakimyan N. Neural Network Adaptive Control for a Class of Nonlinear Uncertain Dynamical Systems with Asymptotic Stabbility Guarantees[J]. IEEE Transactions on Automatic Control, 2008, 19(1): 80-89.

[152] Hou Z G, Cheng L, Tan M. Decentralized Robust Adaptive Control for the Multiagent System Consensus Problem Using Neural Networks[J]. IEEE Transactions on Systems, Man, and Cybernetics-Part B: Cybernetics, 2009, 39(3): 636-647.

[153] Cheng L, Hou Z G, Tan M,et al. Neural-Network-Based Adaptive Leader-Following Control for Multiagent Systems with Uncertainties[J]. IEEE Transactions on Neural Networks, 2010, 21(8): 1351-1358.

[154] Huh S H, Bien Z. Robust Sliding Mode Control of a Robot Manipulator Based on Variable Structure-Model Reference Adaptive Control Approach[J]. IET Control Theory and Applications, 2007, 1(5): 1355-1363.

[155] Das A, Lewis F L. Distributed Adaptive Control for Synchronization of Unknown Nonlinear Networked Systems[J]. Automatica, 2010, 46(12): 2014-2021.

[156] Gul E, Gazi V. Adaptive Internal Model Based Formation Control of a Class of Multi-Agent Systems[A]. Proceedings of American Control Conference (ACC)[C], 2010: 4800-4805.